今から、これから。

好きを感じる美容と生活

福本敦子

@uoza_26

幻冬舎

Prologue
はじめに

この本を手に取っていただき、ありがとうございます。
２０２０年からの私たちにとって、暮らしの中での大きな変化は、やはり「生活」に目が向いたことだと感じています。家の中の衣食住を充実させて生活を見直した人もいれば、働き方をはじめ時間の使い方を考え直す人も増え、前よりも「自分はどんな風に生きたいか」というテーマに大勢の人の意識が向いた2年間だったのではないでしょうか。生活、とはまさに、その人の生き方、のことなのかもしれません。

私は普段、雑誌やＳＮＳを通して、オーガニックコスメをはじめとした自然に関する美容を伝える仕事をしています。ある時、どんな方が自分のコンテンツを見てくれているのか知りたくなり、普段の生活をフォ

ロワーの方々に聞いてみました。

中には想像もしていなかった職業の方がいたり、暮らしや年齢、答えの書き方も様々で面白く、聞けば聞くほどその方々の生活がイメージでき、身近に感じて嬉しかったのと同時に、みんながそれぞれ自分の人生を日々生きているんだなぁ、とよりリアルに感じました。

そんなひとりひとり違った暮らしの中でも役に立てて、楽しめて、人を豊かにする生活ってなんだろう？と考え、美容と生活をテーマにこの本を書きました。

それは読んでくれた方にこんな豊かさを届けたい、という私の願いでもあります。


時代の変化の時にはきっと強さも必要だから、身体を大事にすることや季節や時間や星など、味方につけたい「自然の流れ」を意識した美容法も込めました。

中に出てくるナチュラルなコスメは、その作用や香りで読む方をきっと癒やし、元気を与えてくれるはず。

これからの時代を、力を抜いて自由に泳ぐ、そんなきっかけになれば嬉しいです。

Contents
目次

1. ちゃんと感じて生きる生活

index.

The best and most beautiful things
in the world
cannot be seen
or even touched.
They must be felt with the heart.
—Helen Keller

1.Feel — Theme ① Feel Myself

自分を感じる

ちゃんと感じることから始まる

あなたは「自分が今どう感じているか」を日々、大事にしていますか？　誰にとってもかけがえのない毎日の中で自分自身が内側で感じていること、ちゃんとキャッチしているでしょうか。少し思い出してみてくれたら嬉しいです。

自分の感じることを大事にすること。感じる力を信頼すること。たまには、自分自身の心や体調を、ただただ感じる時間を作ること。

生きているとその時々の選択や、出会いや別れの連続です。時には思いがけないことや、迷いも生まれます。でも私は、人間には自分に必要な、こと、もの、ときを本能で感じ取るセンサーが備わっているのでは？　と思っているのです。

人が自然の中に生きていた頃は、自分の命を守るためにその感受性が必要だったはず。自然界に生きる動物・植物が生き残り方を知っているように、人にも自分に必要なものを感じる力があるのかも。だから、自分の感じていること、小さなことでもキャッチして、まずは尊重してほしい。

人から尊重されると、きっと誰でも嬉しいようにまず自分にもそう向き合って、結果を気にせず、とりあえず思うようにやってみる。ちょっと違うなと感じたらまた戻ればいいし、軌道修正をしながら泳ぐようなイメージ。

ちょっとずつ、でも確実に、自分の思う方へ寄せてく。同じ状況でも感じ方は人それぞれ違うからこそ自分の感じることを大事にすると、コスメも人も環境も、本当に必要なものが残っていくと感じる今日この頃です。

感じることのセンサーを磨く

感じる力はどう磨いたらいいんでしょうか。

たぶんシンプルで、正直になることです。自分に合うものや必要なものって、「おっ」と光って見える気がします。

私は仕事柄どうやって自分に合うコスメを選んだらいいですか？　とよく聞かれます。コスメは肌に触れるものだから、自分が気持ちいい感覚がまずは一番大事。それから、自分がこうなりたい、とイメージをしっかり持っていることも実は大切。

反対に「なんか違うな」という感覚があった時はその自分の声にも耳を傾けます。その声が、自分の欲しいものを教えてくれることもあるからです。何かを選ぶことよりも、選ばないことをはっきりさせる方が意外と怖いものですよね。それは、〝手放す〟ということだから。

違うと感じた自分に罪悪感を持ったり、選んだ結果を見るのが怖かったりして、私も過去には違うと感じた自分の思いを一番大切にできないことがありました。だけど今、モノ作りや日々の生活の中で「違うと思ったものを素直に省く」ことが、とても大切になる場面があります。要らないものを省くと、グッとよくなる瞬間があるんです。何というか、嘘のない、すごく気持ちいい抜け感です。

　自分に合うものも違和感も同じようにキャッチすること。そして、気づいた時にシンプルに自分のために選ぶこと。その素直さを大切にしたいです。

1.Feel —— Theme ② Feel the Time

時間を感じる

時間には、人間の身体にリズムを与え、気分に変化をもたらし、1日に彩りや美しさを加えるマジックがあります。朝の清々しい空気や夜の静けさ。夏の朝に浴びるエネルギーたっぷりの太陽の光や冬の夕暮れのしっとりした美しさ。

　季節や天気で変わるムードを感じてみると、時間の流れによって身体も反応していることがわかります。意識すればするほど、自然のリズムと身体が少しずつ合っていくような感覚に。元気になりたい時は、時間とうまく歩調を合わせると自分の中のナチュラルなリズムが戻ってくるかもしれません。

Morning

朝

さっぱりさせる

1日が始まる朝。空気も澄んでいて、
頭もクリアになりやすい浄化の時。
これから始まる流れに気持ちよく
乗れるよう、自分自身も身の回りもクリアに、
ゼロから始める感覚に。

Oral Care.

オーラルケア

朝一番のオーラルケアで
老廃物をさっぱり

1 身体のリトマス紙になる舌掃除を朝一番に

睡眠中に舌に浮かび上がった身体の未消化物を、舌の上で滑らせるようにしてオフ。食べたものや体調で色や粘り気が違うので、セルフチェックに。風邪予防、口臭ケア、免疫アップにも。タングスクレーパー（私物）

2 見た目もクリーンなマウスウォッシュ

セージやプロポリスなどのスッキリ成分が口の中のネバネバを洗い流し、口の中をさっぱりさせ歯茎をケア。白と青の清々しいパッケージに気分もあがります。なめらかな口当たり。

Dr.ハウシュカ セージ マウスウォッシュ 300ml ￥2,090（インターナショナルコスメティックス）

3 高原系爽快感オールマイティ歯磨き粉

口の中に広がる高原のような清々しさが印象的。一本で虫歯、口臭などお口のトラブルを防ぎ、つるっとした心地のいい仕上がり。四万十ヒノキ水など自然のパワフル成分たっぷり。

アムリターラ トータル バランス オーガニック トゥースペースト 100g ￥2,200（アムリターラ）

4 歯茎が引きしまる感じがたまりません

自分的にナチュラル系マウスウォッシュでダントツの清涼感。口の中をす〜っと冷ますような気持ちよさで使用後もスッキリ感が残り、歯茎のトラブル予防にも。

アルジタル オーラルハイジーンウォッシュ 100ml ￥3,520（石澤研究所）

5 黒で吸い着き、白くする新感覚歯磨き

洗い流した後スースーして気持ちいい。パウダータイプの歯磨き粉。一瞬、歯が黒くなりますが炭や天然アパタイトが汚れに吸着し、歯の表面がつるっと明るい仕上がりに。

野州麻炭Lab 麻炭ホワイトニングパウダー 20g ￥2,200（GUE TRADING）

Face Washing.

洗顔

1日の肌と気分を作る
朝の洗顔タイム

1 肌という名の畑を耕す、キメ調整系ペースト洗顔

肌表面を滑らかにしたい方に。ツブツブ状ペーストが角質を落とし、サンダメージや毛穴開きのある肌を整えます。うるおいが残るのもポイント。メンズにも。

Dr.ハウシュカ クレンズクリーム 50ml ¥2,750（インターナショナルコスメティックス）

2 洗顔料なのにハリが出る、コスパの女神様

花びらからできたスクラブが汚れや角質を洗い流し、肌の巡りを促進。洗い上がりにハリが！なぜ？と感動の叫び。毎日使いしたいリーズナブルさと高品質。

アルジェラン モイストクリア フェイスウォッシュ 130g ¥1,100（マツモトキヨシ）

3 オーガニックなメンズ美容の1stアイテム代表

洗顔＆シェイビングクリームの2WAY。爽やかでキツすぎない香りと、なめらかで伸びのいい洗い心地。皮脂やキメの乱れが気になる肌もさっぱり。

ヴェレダ シェイビングクリーム 75ml ¥1,320（ヴェレダ・ジャパン）

4 何かが足りないカサ肌も生せっけんでもちもち

軽く粘り気のあるクレイが肌の汚れをオフし、17種類のハーブエキスがもちっと、やわらかな美肌に仕上げます。泡にも弾力があり、使うたびに満足感あり。

ルアンルアン生せっけん［レッド］ベルガモットオレンジ90g ¥3,850（ボックスグループ）

5 パーツケアの王様 小鼻ケアはコレに任せろ

やっぱり触れておきたい＃敦子スメ元祖殿堂入りの一品。カンゾウ根・アルテア根・ローズマリーエキスだけのシンプル製法が特徴。小鼻パックとしての使い方がやはり右に出るモノ無し。

ザ プロダクト フェイシャルクレンザー 25g ¥1,980（KOKOBUY）

6 いつもの洗顔のクオリティを底上げします

ドライとウェット両用。細く密集した毛がつるつる肌への仕上げをサポート。職人技の光る一品です。石けんとセットで使って。

ソープトピア B・Face Brush ¥4,180（サザビーリーグ）

7 数年に一度の優秀ソープ ニキビ予防にも

これ好きなんです。つるんとしたゆで卵のような洗い上がりに感動。藍の力と上質なオリーブオイルなどの油分でさっぱり。でもしっとりとした洗い上がり。

アムリターラ インディゴ バランシングソープ 60g ¥2,750（アムリターラ）

Brush.

ブラシ

全身目覚める
朝ブラッシング

1 大きなブラシ面で ダイナミックにとかせます

手のひら程の面の大きさで、頭全体をとかすのに便利。ヘッドマッサージも時短しながら簡単に。メイク前の顔のリフトアップにも。髪質を選ばないデザイン。

アヴェダ パドル ブラシ ¥3,740(アヴェダ)

2 巡りをよくして美脚に導く 2WAYブラシ

毛が固めで密度しっかり。私は脚のブラッシングに使うのが好き。足の裏や、太ももなど冷えやすい部分にも。凹凸面はセルライトケアに。

ニールズヤード ボディマッサージブラシ ¥2,640 (ニールズヤードレメディーズ)

3 日本中の女子の背中を きれいにした職人技ブラシ

うなじや背中・二の腕・ヒップなど気になる部分にも超おすすめ。固形の石けんやリキッドソープなど幅広い洗浄剤で使える便利さと、ビフォーアフターの肌ツル感にファン多数。

ソープトピア Delux Super Soft Body Brush ¥5,280 (サザビーリーグ)

4 ヒップや二の腕に 便利なドライブラシ

顔以外の全身の血行促進に。握りやすい形が特徴。長く使うことで段々と毛の部分もしなやかになり、身体になじむ感覚が。長く使ってマイブラシを育てて。

ソープトピアDry Body Brush ¥3,960 (サザビーリーグ)

メイク前や着替えの前に軽く頭や身体をブラッシング。

血流がよくなり意識も目覚め、頭もはっきり。１日を過ごすエネルギーがみなぎります。

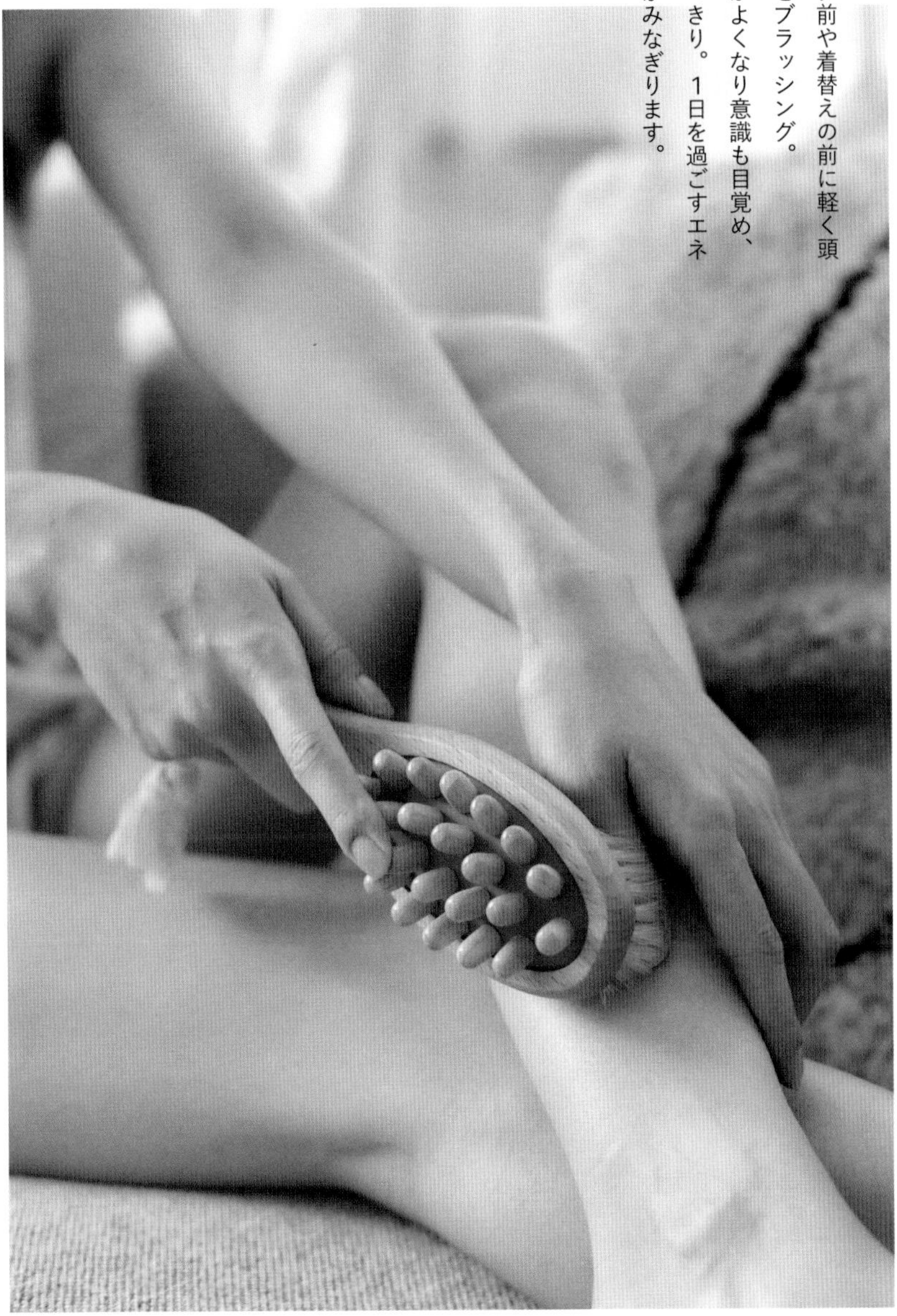

使うと身体全体が開いていくような感覚。ウッドの落ち着きとミント系の爽やかさが混じり合い、1日の活力を引き出します。アスレティア スイッチングアロマオイル／MINDFUL LIFE 10ml ¥3,850（アスレティア）

Oshibori.

秋冬にアロマおしぼり

家族やパートナーにも
喜ばれるおしぼり技

じんわり肌を温め朝をスタート

①温かいお湯を沸かし、そこに数滴、好きな精油を垂らす。②小さめのタオルを浸け、火傷に注意しながら絞る。③ホットタオルとして顔や首筋に当てると、香りと温度が心地いい。疲れて帰ってきた家族やパートナーにも出してあげられる簡単なリフレッシュ法です。

Daytime

昼

活動の時間

陽が高くなる日中は活動の時間。
交感神経が優位になり、
仕事や家事など「動」モードに。
散歩や香りで気分転換をうまくしながら
パフォーマンスを上げよう。

no 2

no 1

no 5

no 4

no 3

Daytime Refresh

昼のリフレッシュ

Hand Soap. ハンドソープ

ハンドソープは見た目と香りで選びます

no 2

家の素敵度増す佇《たたず》まい

インテリアの一部にしたくなる洗練されたムード。マジョラム、ベチバーなど大人っぽく華やかさのある香りは、家に帰ってきてほっとした時に使うのにぴったり。

Austin Austin ハンドソープ palmarosa & vetiver 300ml ￥4,180（ビオトープ）

no 1

見た目も香りもクリーンです

「おっ」と目がいく洗練されたデザイン。ティーツリー、ハッカなどのクリーンさの中にクロモジのコクが光ります。清潔感のある香り。

uka ハンドウォッシュ アミュレット 300ml ￥2,750（ウカトーキョーヘッドオフィス）

Refresh Spray. リフレッシュスプレー

リモートワークに気分転換ミストは必須

no 5

ほかにない
ビターな清まる感

心身がシャキッとするセージのナチュラルオーデコロン。だるくて目の覚めない時、集中したい時など、さっぱりしながらも芯のある香りが落ち着きとリフレッシュをサポート。

ヴェレダ サルビア ボディミスト 100ml ￥2,200（ヴェレダ・ジャパン）

no 4

場のエネルギーまで
クリアに

お掃除の後使いたくなる、場をシャキッと透き通ったムードに変える香り。セージ、月桃といった植物と精油や天然石など自然界のエネルギーがたっぷり。

ティアレアーラ メディケア エネルギーミスト（アロマミスト）30ml ￥3,080（アマラ）

no 3

リラックスしながら
気持ちを上げる

朝から日中にかけて太陽が高くなっていく感じと、イランイラン、オレンジが持つ高揚感が絶妙にマッチ。気分転換したい時にもおすすめ。ピローミストとしても、ルームスプレーとしても両方活躍。

ザ パブリック オーガニック クリアアウェイク 睡眠ピローミスト 60ml ￥3,080（カラーズ）

Night

夜

ゆるめる

夜はゆっくりリラックスする時間。
明かりやなめらかな感触のコスメで、
テンションをゆるめる方向へ。
身体と心を休めて、
穏やかな時間を持つセルフケアを。

Self Care

Night Time

Cleansing & Lotion

1 心身ともにゆるませる セラピー系至福スキンケア

マッサージしながら使いたくなる程よいテクスチャーで、1日の終わりのセルフケアにぴったりの香り。オイルタイプでポイントメイクも落としやすい。ハリ・ツヤのある仕上がりになる自愛アイテム。

Waphyto レジェナ クレンジングオイル 142ml ¥4,950（Waphyto）

2 保湿とエイジングケアの 基本はこれでしょ的一本

エイジングケアもできるミルククレンジングの定番。ミルクならではの肌触りのいいこっくりめのテクスチャーで保湿しながらメイクを落とし、やわらかくふっくらと肌を保ちます。

アムリターラ アロマティッククレンジングクリーム ラベンダー150g ¥4,840（アムリターラ）

3 軽すぎず重すぎない良バランス オーガニック系入門コスメ

肌にのせるとミルクがオイルに変わり、メイクをしっかりオフ。すすぐとまたミルクに早変わりするカメレオン技で肌を保湿。やわもち肌になる幅広い世代におすすめなアイテム。

チャントアチャーム クレンジングミルク 130ml ¥2,750（ネイチャーズウェイ）

4 肌の基礎体力が上がる トラブルレスアイテム

最近肌が不安定かな？と思ったら必ず戻りたくなる原点がこちら。肌の基礎体力を整える王道成分ローズヒップオイルで揺らぎにくい肌に。長く使うほど肌が整い安定する感じ。

トリロジー クレンジングクリーム 200ml ¥5,060（ピー・エス・インターナショナル）

1 THE豊潤。しんなりなじみ、やわらか福肌を作る

なんと言っても、肌につけた後の触り心地がしっとりやわらか。きめ細やかになじみ、肌の内側の水の巡りを促し、ふくふくとしたハリのある肌へ導きます。ざくろの香りで満たされる気持ちに。

ヴェレダ ざくろ モイスチャーローション 100ml ¥4,400（ヴェレダ・ジャパン）

2 とにかくうっとりする香り 角質ケアもできます

浸透力のある肌を作る化粧水。余分な角質をオフし、キメを整え外的影響からの肌ストレスを緩和。香りがとても心地よく花に包まれているような気分に。拭き取り化粧水としても。

ファミュ ルミエール リファイナー 120ml ¥5,995（アリエルトレーディング）

3 1000円できちんとしたお寿司を食べた時の満足感

近年日本のオーガニックコスメが進化していることを物語る代表アイテム。少量でうるおいをもたらし、植物エキスが肌の血行を促進。さらに、スキンケア中リラックスできるよう設計された香り。

アルジェラン モイストクリア ローション エンリッチ 180ml ¥1,650（マツモトキヨシ）

4 満足感のある仕上がり ありがとうございます

「きれいになった」と保湿、ツヤ感ともに満足感をくれる一本。美肌成分をたっぷり補給し、疲れを忘れたみずみずしいハリ肌に。個人的には即効性があるのもお気に入り。

Waphyto レジェナ トナー 145ml ¥5,500（Waphyto）

5 夏場や肌荒れ時の切れ者。知っておいて損なし

ゴワつき、毛穴の開きなど「畑の荒れ」感をレスキュー。フルーツやハーブの美肌成分が引き締まってクリアな印象を与えます。ジュースのようにみずみずしくフレッシュで使い心地最高です。

MiMC ビューティービオファイター ピュアフルーティー 125ml ¥4,070（MIMC）

6 乾燥・敏感肌仲間に伝えたい定番

とろっとした非加熱の白樺樹液のテクスチャーで、刺激少なくひたすら保湿してくれる。精油も含まないシンプル製法で、手持ちのスキンケアとも合わせやすい。冬場をはじめ肌が敏感な時の一番手。

アムリターラ ホワイトバーチモイストウォーター セット（レフィルと空ボトルのセット）¥4,840（アムリターラ）

Serum

1 軽いのにしっかり保湿 疲れと乾燥の強い味方

さらっとしたテクスチャーですっとなじみ、やわらかく弾力のある仕上がりに。私はこの香りが大好き。疲れやイライラを感じる時の心の保健室的存在。肌ダメージもケア。

アルジェラン モイストクリア スキンオイル 30ml ￥2,178（マツモトキヨシ）

2 一日の終わりに深呼吸 解き放つ系・薬草美容液

セントジョーンズワート、ベチバーなど心も肌も落ち着ける植物がふんだんに含まれた美容液。ゆっくりとマッサージしながら肌に伸ばします。お腹からリラックスするような感覚に。デコルテにも。

ネロリラボタニカ ドリーミング ビューティーセラム 32ml ￥8,250（ビーバイ・イー）

3 ムーンストーンのような 自然なツヤと輝きを肌に

やわらかに輝く乳白色の美容液。肌にいきいきとした自然なツヤを与えます。混合肌から乾燥肌まで、幅広い肌質に向けいい仕事をするストライクゾーンの広めなアイテム。

ファミュ グロウドロップス 30ml ￥7,370（アリエルトレーディング）

4 肌の目覚まし時計的 精油美容液

クリームやオイルに数滴混ぜて使うと、香りを楽しめるほか精油の持つフレッシュさを肌に届けることができ、くすみや滞り、ストレスをケア。いつものスキンケアをよりグレードアップする。

SHIGETA PARIS エッセンシャルオイル ゴールデンドロップス 15ml ￥7,700（SHIGETA）

for Body

1 モチベとテンション 両方上げます

アロマテラピー・フラワーエッセンス・ホメオパシーが融合され、好きなものやきれいなものを見た時にわぁっと喜びの気持ちが湧き上がるような状態へ、自然と導いてくれるオイル。

アロマパシィー【ボディケアオイル】Active-Joy/ Five elements：火（fire）80ml ¥10,120（スパホリデーズ）

2 背中一面に塗った時の 脱力ほぐれ感、半端じゃない

疲れた時にこのクリームが目に入ると、これだ〜と手が伸びるアイテム。ストレスや緊張を外に出すフラワーエッセンス入り。心も身体もゆるむ解放感。

ジャナーク スキンラスタークリーム 250ml ¥5,280（シンシア・ガーデン）

3 自分の身体に触れるのが 好きになる

何度使ってもクセになる絶妙な香りとなめらかな触感で、デコルテやバストにもおすすめ。香りを感じながら使ってほしい！ツヤのあるふっくらした肌に。女性らしさを上げる精油もたっぷり。

SHIGETA PARIS ブロッサム ボディーオイル 50ml ¥3,960（SHIGETA）

4 深く届く精油の 底力を実感

ゆるくほどけて、内側から艶めく。そんなケアが簡単におうちでできます。バストや内股への使用は特におすすめ！精油の力で女性ホルモンのバランスを整え余計な力が抜けるストレスケアを体感。

アロマセラピーカンパニー フェミニンバランス ボディローション 100ml ¥5,060（アルバ）

5 女性のリズムと バランスを整える

つけた瞬間、滞っていた身体のエネルギーがじわっと流れるのを感じるスプレー。生理周期が整ったなどの声も多く聞きます。おすすめは仙骨・足裏・恥骨など。身体の気の巡りの悪さを感じる時にも。

ジャナーク チャクラスプレー女性用 50ml ¥3,960（シンシア・ガーデン）

for Scalp

1 エレクトロ的ストレスを自然の力で流します

言わずと知れたスッキリ系。頭皮の汚れから環境ストレスまで落とす「今」に必要なアイテムです。裏ワザとしてボディや顔を洗うと要らないものが落ちてスッキリ。

アルジタル ピュリファイングシャンプー 250ml ￥2,970（石澤研究所）

2 スカッと度No.1! 2本リピ買いしました

このオイルの素晴らしさは2段階。まず塗布した時にオイルの粘り気で頭皮の汚れをしっかり浮かせ、血行も促進しリラックス。水を加えると軽く泡立ち、洗い流すとすっきり汚れが落ちた感覚に。

シロ ニーム頭皮クレンジングオイル 80ml ￥6,050（シロ）

3 スースーしてスカッと汚れオフ!

1日の終わりに、疲れまでオフ。スースーした心地よさが頭全体を包み、毛穴の詰まりを流して頭皮が元気に生き返ります。プレシャンプーとして週一ケアがおすすめ。

uka スカルプクレンジング ディープ＆ライト Skinny Bottle 100ml ￥1,650（ウカトーキョーヘッドオフィス）

4 週末オールインワンスカルプケア

頭皮の熱をスーッと冷ます感覚が心地いい！夏の暑さやスマホの見すぎでオーバーヒートした頭に。頭皮の汚れを落とすだけでなくこれ一本で髪もしっとりし、トリートメントまで完了。

ヴェレダ ローズマリー スカルプクレンジング 200g ￥3,300（ヴェレダ・ジャパン）

5 あるとないでは違う洗髪界のホープ

洗髪時にも、乾いた髪にマッサージャーとしても欠かせません。側頭部や後頭部など自分ではケアしにくい部分まで簡単にほぐせます。おすすめは頭を挟むように2個使い！フェイスラインまですっきり。

uka スカルプブラシ ケンザン ￥2,200（ウカトーキョーヘッドオフィス）

for Delicate Zone

寝る前のデリケートケア

お風呂上がりや眠る前に、デリケートゾーンのケアを取り入れてみましょう。こまめにケアすることで、自分の状態を知り自ずと自信にもつながります。気になるものから試してみて。

3

ニオイとホルモンバランス 同時にケア

ショーツにスプレーするだけ。イランイラン、ダマスクローズなど女性ホルモンに働きかける精油の香り。デリケートゾーンを清潔に保ちます。

アロマセラピーカンパニー フェミニンリフレッシュ(スプレー) 60ml ¥2,585(コスメキッチン)

4

香りしっかり&オイルしっとり。元祖デリケートゾーンケア

使い心地なめらかなオイルローションタイプ。生理時の拭き取り用としても、デイリーケアの保湿剤としても使いやすく、パッケージも夢があって可愛い。必要な常在菌を守り、デリケートゾーンを快適に保ちます。

アロメディカ フェミノール 100ml ¥3,300(マインドドライブ)

1

初めてのデリケート保湿に くすみや色ムラ予防にも

みずみずしく、さらっとして軽いジェルタイプ。外陰部を保湿し肌をやわらかく保ちます。顔用のスキンケアと同じような感覚で使えるので、初めての方にもおすすめです。

Waphyto ルブリカント 100g ¥3,300(Waphyto)

2

黒ずみケアの一番人気 気になる部分へマルチ使いも

ワキ、Vライン、バストトップなどなど「ここ気になる」を網羅した人気アイテム。コメヌカ、ドクダミなど肌を明るくつややかに保つ植物成分がたっぷり。脱毛後の保湿にも。

アンティーム オーガニック　アンティーム ホワイト クリーム 100g ¥2,860(サンルイ・インターナッショナル)

香りを感じる

1.Feel ——Theme③ Feel the Scent

今までの人生で、何度も香りに助けられてきました。最初に精油の力に触れたのは、確か20歳頃、ニューヨークに初めて行った時。ニューヨークを経由して、フランスに行くという長旅だったのですが、乗り物酔いしやすい私は、初めてのアメリカ・ヨーロッパにドキドキしながらゼラニウムの香りをタオルに染み込ませ、それを首に巻いて搭乗したのを覚えています。

初めてナチュラルな香りに触れた時は、身体への作用が早く、「思考」を飛び越えて「感覚」に響くことにびっくりしました。それから様々なコスメに触れていく中でどんどん香りが身近な存在になっていき、ＰＭＳや花粉症の時などにもサポートしてくれる強い味方になりました。

その後何年も経ち、香りのコスメも進化していき、今では精油だけでなくシャンプーやボディソープ、ハンドクリームなど選択肢が増え、もっと日常に取り入れやすくなりました。アロマテラピーやコスメが特別に好き！　という人でなくても香りで気分が整って、身体の反応ですぐに好きか嫌いかわかるのも面白いですよね。

人と共有できて楽しめるところや、気分にすぐに働きかけるところがちょっと音楽に似ているなと思います。ムードや天気に合わせてレコードを選ぶ感覚で、今の自分にフィットしたものを選びましょう。

置く香り

1 時間の流れと ともに楽しむお香

日々の「時間」を彩るお香を生活に。朝起きぬけに焚くと部屋がしなやかな香りで満たされます。燈《ともしび》、熄《うずみび》の2種入り。場所を取らないスマートな佇まいのお香立てもセットに。

SENN INCENSE燈tomoshibi／熄uzumibi ¥3,960（お香立てセット）(TO NINE)

at Room

4 自分の居場所をHAPPYに ピンクのキラキラディフューザー

自分が身を置く大切な場所に置きたくなるディフューザー。香りが気がつかないうちに心や身体のストレスを緩和し、嗅いでいると目の前が開いていくような感覚に。日々のモチベーションを高めます。

ザ パブリック オーガニック スーパーポジティブ精油ディフューザー180ml ¥16,500(カラーズ)

3 キュン!と気持ちが上がる 甘さと清々しさ

フルーティーで清々しい、クリーンな甘さのあるブレンド。まるで暑い時にパイナップルを食べた後のよう。部屋の雰囲気も一段明るくなる感じ。リモートワーク時のリフレッシュや、朝のストレッチ前にもおすすめ。

アヴェダ チャクラ バランシング ミスト3 100ml ¥4,950（アヴェダ）

2 日本の技術にセンスが 足されるとこうなります

古いお寺に行った時のような荘厳さと、スパイスのオリエンタルな香りが絶妙にミックスされたお香セット。冬の寒い朝や気分を入れ替えたい夏の夕方など様々な時節にマッチ。3種入りで気分に合わせて選んで。

DAMDAM お香 DAMDAM × 玉初堂 Meli Melo 30本/1箱 ¥1,210（SEVEN DAYS）

持つ香り

1 ついでに免疫UPまでできちゃいます

手のリフレッシャーを好きな香りで彩ると、その時間がいいものに変わる気がしませんか？どうせならお気に入りのものを使いたい。精油が心身を元気に導く、今の時代に欠かせない一品。

ザ パブリック オーガニック スーパーバウンシー 精油ハンドフレッシュナー 30ml ￥858（カラーズ）

2 手先は第二の名刺です

レモンやミントなどのすっきり系の精油がたっぷり含まれ、爽やかな気分に仕上げてくれます。見た目も可愛いのでギフトにも最適。スッとなじむので、あらゆる季節に。

uka ハンドクリーム 13：00 50ml ￥3,300（ウカトーキョーヘッドオフィス）

3 見た目も可愛い幸福感ロールオン

花びら入りで見た目も美しいパフュームオイル。気持ちに元気が欲しい時につけたいHAPPYな香り。自然と身体が温まる感じ。

MADE BY YOKE　Balancing Perfume Oil RASA 15ml ￥6,600（コアラ ビューティー）

4 おでこに塗るとスッキリ・“水”を巡らす甘みある香り

ローズウッドの深い甘さにライムなどの柑橘がブレンドされたまろやかな香り。身体につけるとホメオパシーなどが水の巡りをサポート。モヤモヤした時に、おでこやこめかみ、手首などに。

アロマパシィ ー【ロールオンアロマ】Mind-Lax／Five elements：水（water）10ml ￥4,180（スパホリデーズ）

5 自然不足の日々に森林系チャージ

ヒノキ・サンダルウッドなどの樹木系が落ち着きをもたらし、フランキンセンスやミルラといった古くから浄化に使われてきたハーブが気分の澱みもすっきり流す。

DAMDAM パフュームオイル BALANCE 8ml ￥2,200（SEVEN DAYS）

in My Bag

2 自分のエネルギーを高めてくれそうな高揚感

霧のような細かな粒子で自分の周りに香りとエネルギーをチャージ。スキンケア前のマインドセットや気分転換したい時に。ローズやゼラニウムなど、女性らしさを引き出す香り。

SINN PURETÉ マインドフルフレグランス（Passionate Awakening）100ml ¥3,905（JIMOS）

4 この香りがしたら、素敵な部屋に住んでいそうと妄想膨らむ

海外のいいホテルのロビーに漂っていそうな上品な香り。植物の入り混じった爽やかさのある香りで、男女ともにおすすめ。髪にツヤを与え、まとまりやすく仕上げます。軽めの全身用オイルとしても。

アルジェラン モイストグロー ヘアオイル 55ml ¥1,760（マツモトキヨシ）

1 まるでナチュラルないちごミルク！キュートな甘い香り

つい誰かにプレゼントしたくなるキュートなパッケージと、いちごミルクのような甘い香りが魅力。その秘密は濃厚なバニラやローズマリーなんだとか。ボブやロングの毛先のパサつきケアにも。

uka ヘアオイル グラマラス ウィンディーレディ 50ml ¥4,400（ウカトーキョーヘッドオフィス）

3 品格あるローズの香りが何気ない日も気分高める

夏の暑い日には爽やかに、冬の寒い時期には幸福感を高めるように様々なシーンで癒やしを与える上品なブレンド。数種類のバラが含まれた気品溢れる香りはどの年代の人も美しく見せます。

ディプティック ヘアフレグランス オー ローズ 30ml ¥6,930（diptyque Japan）

纏う
香り

Wear

暮らす香り

1 ビネガー・水・精油だけ サスティナブルなお掃除スプレー

お酢の力でファブリックのニオイケアを。ラグはもちろんカーテンやヨガマットにも。お酢がニオイを中和して精油の香りだけが残ります。シンクや冷蔵庫のお掃除にも。

SEES テキスタイルスプレー ベルガモット＆レモン 300ml ¥3,080（SEES）

2 野菜も洗える。ガチエコブランドの食器用洗剤

しっかり泡立ち汚れも落ちやすい、環境にも優しいと三拍子揃ったリピ買いアイテム。手荒れしやすい方にもおすすめ。レモングラスのさっぱりした香り。

ソネット ナチュラル ウォッシュアップリキッド 300ml ¥660（おもちゃ箱）

3 排水のことまで考えた元祖ナチュラル洗剤

植物原材料・ミネラル成分のみで、水に溶けやすいのも特徴。洗濯後の排水がもとの状態に戻りやすい製法で作られ、環境にも配慮。洗い上がりもふんわり。ラベンダーの香り。

ソネット ナチュラル ウォッシュリキッド 2L ¥2,640（おもちゃ箱）

4 洗濯のプロが作った明るい香りの洗濯洗剤

柔軟剤のいらないナチュラル処方の洗濯洗剤。少ない量の洗剤でしっかり洗え、ベルガモットがほのかに香ります。スマートなパッケージで収納にも便利。

リブレヨコハマ ランドリーディタージェント ベルガモット＜デイリー 衣類用＞ 600ml ¥2,640（バレル）

5 ポイントケアに一本あると安心です

個人的に食べこぼしの女王としてこのスプレーを重宝中。また、変色しがちな襟の周りにスプレーして少し置いてから洗濯すると汚れがきれいに落ち、結果的にお洋服が長持ち。

リブレヨコハマ プレウォッシュ スプレー 150ml ¥2,200（バレル）

1.Feel — Theme ④ Color to Your Life

彩りを感じる

色は見た人にエネルギーを響かせるもの。明るい気持ちにさせたり落ち着きを与えたり、色の力は偉大です。その時の自分や季節にフィットする色って必ずありますよね。私にとって心地いいのは、気持ちに元気を与えてくれる色。幼い頃に進学塾に行かされ、無機質なグレーの壁とホワイトボードだけの風景と、みんなが同じ方向を向いて勉強する姿についていけず「こんなグレーの壁じゃいやだ」と言って泣いて帰った思い出もあるほど、私は色や空気に敏感な子どもでした。

反対に、オーガニックコスメのカラフルなパッケージや、旅先の外国で見てきた様々な美しい風景やインテリア、その場所にしかない空気はしっかりと今の自分の感性の栄養になってくれたと感じます。ヨーロッパで乗った長距離の電車や、街中のバスの可愛らしい配色も忘れられません。自分の心地いい色を選んで美しさを感じる環境にいることは、とても力を与えてくれるものです。

Color

色に元気をもらう

いつも過ごす家は好きな色、元気が出る色で満たしたい。世界には学年によって壁の色が違う小学校もあるくらい、色が心にもたらすパワーは大きい。自分にとって心地いい色を選びましょう。

Ceramic.

Books.

Tableware.

Clothes.

Flower.

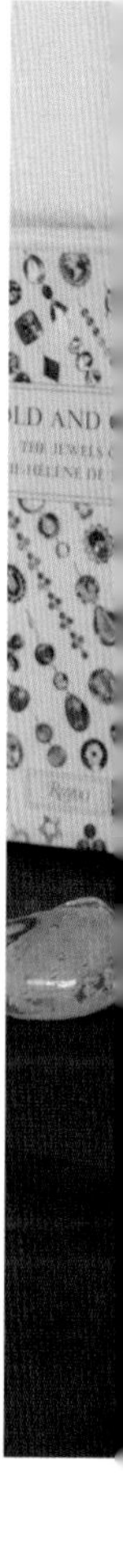

Accessory.

COLOR

GIVES

POWER

1.Feel — Theme ⑤ Feel the Season

季節を感じる

朝起きて、メイクもそこそこに帽子をサッと被って散歩をすることがよくあります。以前に比べて家で過ごすことは増えたけれど、だからこそ新鮮な空気に触れて、陽に当たり季節の流れを感じてみます。そうすると、雲が晴れるように自分の状態がよくわかったり、インスピレーションを得られたり、同じ場所にいた時は見えなかったものが見えてきます。アイデアも散歩中に浮かぶことが多いかも。季節が変われば食べたくなるもの、着たい色が変わるように、美容や健康でも必要なケアが時期によって変わります。そんな自然の移ろいを感じて自然になじむことを大事にしています。ふらふらと歩きながら、街や人の風景、そこにある自然を感じることは、私のリフレッシュ方法です。

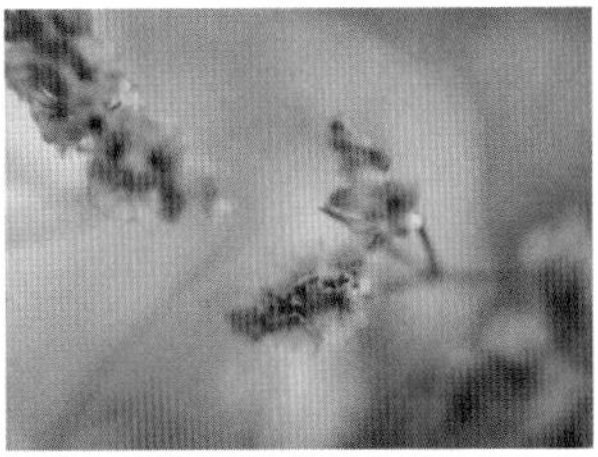

2. 強さをもたらす生活

index.

The weak can never forgive.
Forgiveness is the attribute of the strong.
—Mahatma Gandhi

2.Strength — Mind & The Body

弾力のあるこころとからだ

「弾力性」って好きな言葉のひとつです。季節の変わり目や、心がザワつく時、自分の内側にしなやかな強さがあれば、外から影響を受けすぎず、周りも傷つけることなく健康的に自分を守ることができるのではないでしょうか。

たくさん寝て元気がある時、好きなことや好きな人にワクワクしている時は体調を崩しにくく、内側からツヤツヤしたオーラが出るもの。ちょっとしたことも跳ね返せます。そんなトランポリンの表面のような「弾力」を保つには？　をテーマにお話しします。

私はもともと気候の変化や、人の気分など周りの影響を受けやすいタイプ。感じやすい分、揺らぎやすい体質です。オーガニックコスメを使うようになって肌の自己治癒力を知り、自分を知り、人生経験を重ねていったのも相まって、何かをきっかけにバランスが傾いても、また元の快適な状態に戻す技術が昔より身についたと感じています。その一番シンプルな方法は、「身体」に働きかけること。美味しく食べて、よく寝て気持ちよく排泄すること。身体を動かし、エネルギーと感情をうまく発散させること。また、季節に応じて温度を調整することもシンプルだけど、意外と大事。そうしていくうちに、揺らいでも自分の中心に戻るのが楽になりました。まるで、メトロノームの針のよう。

やりたいことをやるには、やっぱり元気が必要だから、やわらかい頭としっかりした根っこで自分自身を支えたい。そんな思いで第2章を書きました。

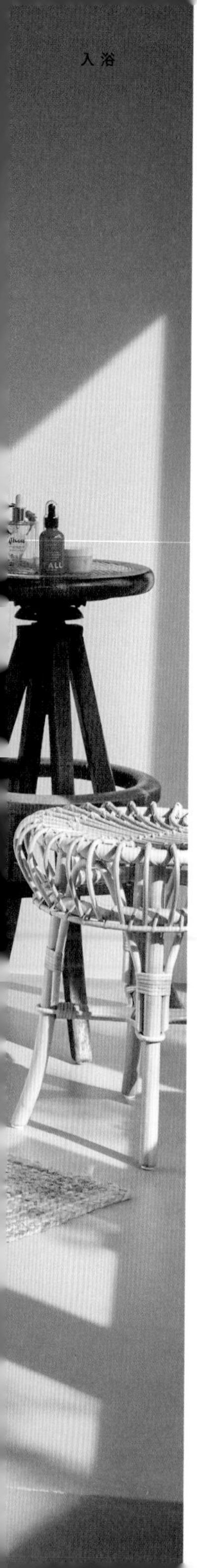

入浴 Bath

カラダをほっとさせること…

お風呂できれいは作れる、と私は信じています。
身体をきれいにしつつ、心の大切な
リセットタイムでもあるお風呂。できるだけ毎日、
湯船に浸かるようにしています。
季節によってアイテムを変えるなど、楽しむ工夫を。

温
快
香
癒
解
浄
do organic
KAMITSUREN
華密恋
Chamomile Extract
BATH ESSENCE
6
5
4
3
2
1

テーマで楽しむ 入浴剤

BATH SALT

1 もろもろ浄化したい夜に

水と相性のいいフラワーエッセンスをお風呂に数滴垂らしてエネルギーチャージ。ピュアなイルカのエネルギーには浄化の作用が。疲れやだるさを感じる時にもおすすめ。

コルテPHIエッセンス イルカエッセンス 15ml ¥3,996（ネイチャーワールド）

2 脱力したい夜に……花のエネルギーが解きほぐす

疲れや緊張をエネルギーレベルから解きほぐしたい方へ。お風呂に適量垂らすだけで身体の芯からリラックスし、心地いい眠りを誘います。頭皮に数滴垂らしてマッサージするのもおすすめ。

ジャナーク リリースバスA 100ml ¥7,150（シンシア・ガーデン）

3 PCのスリープ状態のようにリラックスへ誘う

薄い茶色の液体に花の有効成分がギュッと詰まり、肌トラブルや冷えの改善に。何よりもカモミールの香りと鎮静効果で神経が休まります。赤ちゃんとの入浴にも使えます。

華密恋 薬用入浴剤 400ml ¥2,420（Sou Go）

4 1本で満足なコスパと香り

大粒のモンゴル岩塩で全身をじんわり温め巡りを促進。ゼラニウムや柚子など、精油のブレンドがしっかり香るのに2000円台なのもお得感。

do organic アロマ ソルト フォー バランス 300g ¥2,200（ジャパン・オーガニック）

5 聖なるパロサント×炭で最高リラックス

麻炭の持つ遠赤外線効果で身体もぽかぽか。肌の汚れに炭が吸着し、パロサントのホーリーな香りで気も鎮まり入浴後は心身温かくさっぱり。月の巡りに合わせて使いたくなるお浄め系バスソルト。

野州麻炭Lab 麻炭バスソルト Meditation パロサント 500g ¥4,829（GUE TRADING）

6 大粒で満足なご褒美バスソーク

ヒマラヤ・エプソム・デッドシーという３種のザクザクソルトに鉱物パウダーと７種類の精油がブレンドされ、各成分の相乗効果で身体が温まるだけでなく悪いものが取れたようなさっぱり感。値段にも頷く満足感。

デ・マミエール バスソーク AO 400g ¥9,900（キャンドルウィック）

1
WELEDA
Balancing Conditioner
WELEDA
Balancing Shampoo
THE PUBLIC ORGANIC
2
THE PUBLIC ORGANIC
SUPER POSITIVE
ESSENTIAL OIL SHAMPOO
3
frequent use conditioner
4
Wephyto
Wephyto

あらう

ヘアケア HAIR CARE

1 さっぱり洗える CLEANデイリーヘアケア

セージ好きにはたまらない清々しさ。やわらかい泡でさっぱり洗えまとまりのある髪に。頭皮を健やかに保ちたい方や、メンズにもおすすめ。髪が軽くなったような洗い心地。

ヴェレダ セージ ヘアシャンプー 200ml ¥2,530 セージ ヘアコンディショナー 200g ¥2,530（ヴェレダ・ジャパン）

2 心は満たされ髪はうるおう NEWスタンダードヘアケア

ナチュラル系のシャンプーで迷ったらまずはこれ。幸せホルモンを促す香りのブレンドと、時間が経つごとに保湿成分が浸透する設計で満足感たっぷり。同時にアロマテラピーの効果まで感じられ、髪を洗うのが楽しみに。

ザ パブリック オーガニック スーパーポジティブ ダメージリペア シャンプー＆トリートメント 各480ml ¥1,738 同ヘアマスク 150g ¥1,320（カラーズ）

3 髪質をよりしなやかに サロンレベルにアップデート

自然な成分だけでこんなサロン仕上がりになるの⁉とオーウェイにはいつも驚かされます。髪をより健康に、やわらかくツヤのある状態へ導きます。内側から軽やかにしっとりまとまる感覚。あらゆる髪質の方に。

オーウェイ デイリーユーズ ヘアバス 240ml ¥3,740／コンディショナー 240ml ¥3,960（アラミック）

4 髪を内側から保湿 絹糸のような弾力とツヤへ

ワフィトの「洗う系」は優秀で好き。汚れを落とすだけでなく、髪を内側から保湿してやわらかい仕上がりの髪に。冬場の乾燥や夏場のエアコンダメージにもおすすめで、きめ細かい泡立ち。

Waphyto シャンプー ナーチュア 250ml ¥3,300／コンディショナー ナーチュア 250g ¥3,520（Waphyto）

1
flowerfall
O
WAY
2
Lively Oil
IT ALL
NATURAL
3
3
4
ARGELAN
HAIR BALM
JAPAN MADE
5
gisou

おぎなう
ヘアケア
HAIR CARE

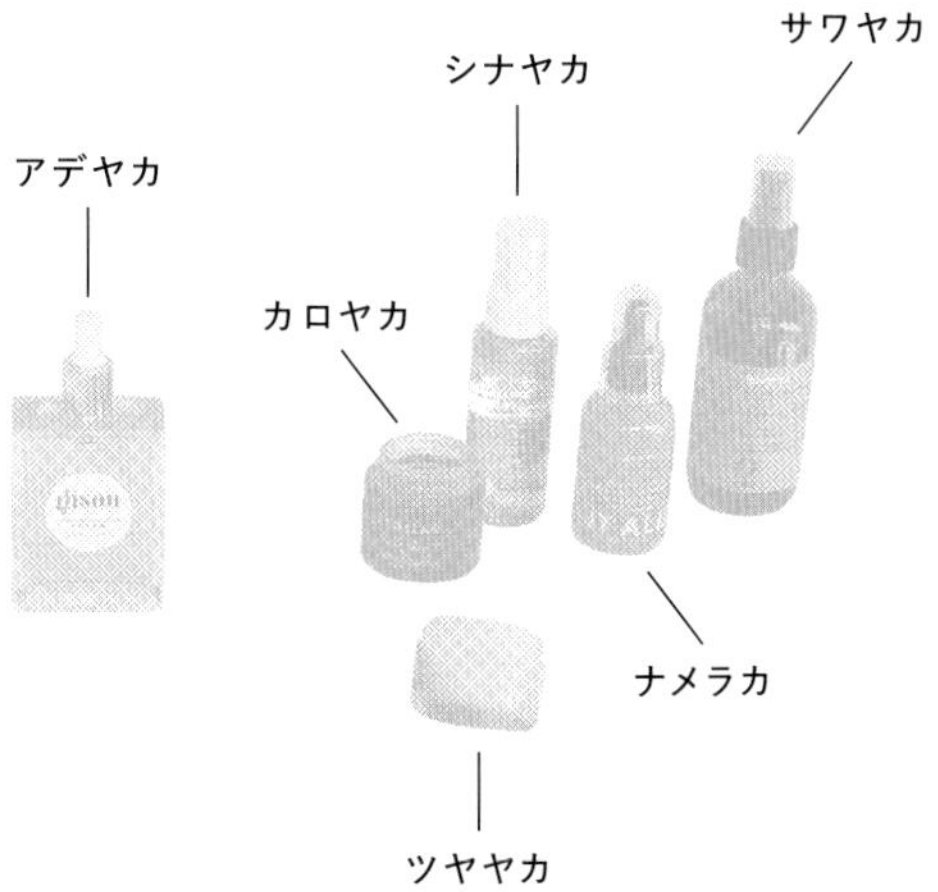

1 上質な植物エキスたっぷり 贅沢アロマウォーター

髪の上質な化粧水。スタイリング時の寝癖直しに使うとしっとり髪を保湿。やわらかな状態に導きます。空間のアロマウォーターとして使うと純粋な植物成分が合わさりブーケのような心地いい香りが広がります。

オーウェイ フラワーフォール 160ml ￥3,960（アラミック）

2 そよ風感じる香り 軽やかヘアオイル

性別を問わず使いやすい爽やかな香りと、重すぎず軽すぎないテクスチャーが魅力のオイル。毛先の乾燥にも効果的。自然なツヤを髪に与えます。

イットオールナチュラル ライヴリーオイル 50ml ￥3,520（ビーバイ・イー）

3 スタイリングの腕前上がる ミスト＆バーム

髪をツヤツヤにする軽めのバームは、あらゆる髪の長さの方におすすめ。ミストとセットで使うと動きのある軽やかなスタイリングが簡単に楽しめます。持ち運びしやすいサイズも魅力。

ラーレ オーガニックバーム フレッシュローズの香り 30g ￥2,178、オーガニックミスト オレンジジャスミンの香り 80ml ￥2,178（Cure）

4 一回使うとハマる新触感 すんなりなじむテクスチャー

手に伸ばした瞬間と、髪につける時にサッと溶けるようになじむのが特徴。梅雨時の広がりがちな髪にもツヤとまとまりを与えて、重くならずにスタイリングをキープします。あらゆる髪質の方に。

アルジェラン モイストグロー ヘアバーム 32g ￥1,870（マツモトキヨシ）

5 ハチミツの底力を 見せつけられました

ハチミツのうるおい成分をそのまま髪に届ける美容液。とろみのある重ためなテクスチャーがしっかりと髪にうるおいと落ち着きをもたらします。コンディショナーに混ぜて使うこともOKです。パッケージも可愛い気分の上がるアイテム。

gisou ハニーインフューズドヘアオイル 20ml ￥5,500（私物）

Jurlique
SMOOTHING BODY EXFOLIATING GEL
WITH HYDRATING ROSA GALLICA
DAMDAM
BODY WASH
BODY SOAP
MINT & LEMON
凜恋
ミントと檸檬
rinRen
5
4
3
2
1

あらう

ボディケア
BODY CARE

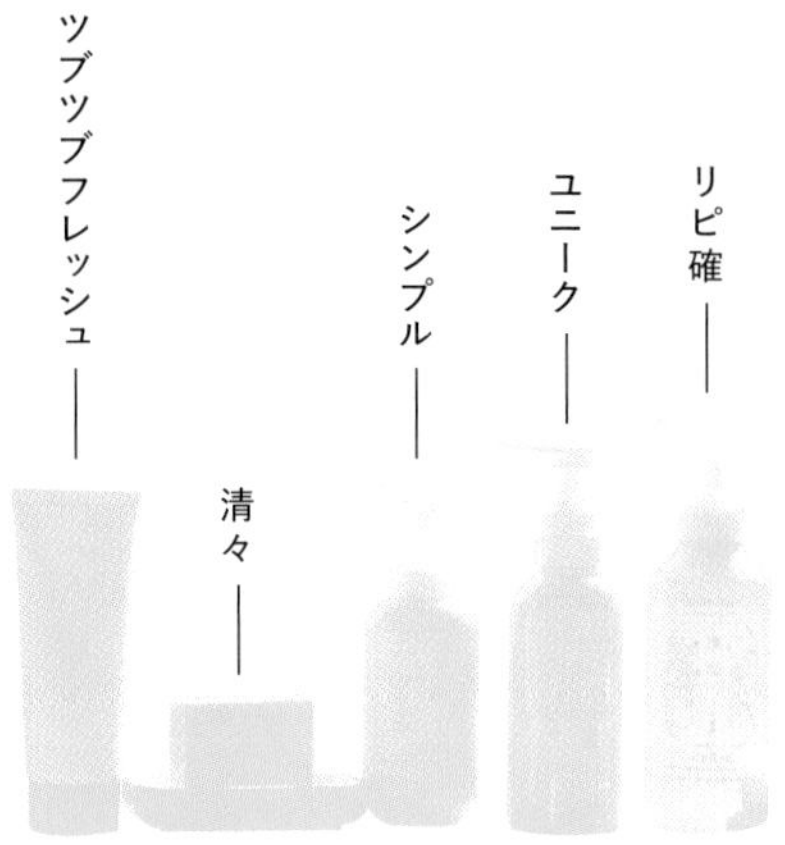

1 みんなで使えるボーダレスなボディシャンプー

ミントとレモンの爽やかな組み合わせが最高！スースー感だけでなく同時にやわらかさも感じる香り。泡立ちもよくリーズナブルなので家族みんなで使ってほしい。よくプレゼントに選びます。シャワー派にもおすすめです。

リンレン ボディソープ ミント＆レモン 400ml ￥1,078（ピーバイ・イー）

2 シソの香りで目覚める和とおしゃれの融合

目が覚めるような紫蘇の香りのボディウォッシュ。朝のシャワータイムにはさわやかに、夜のバスタイムには1日の疲れをリフレッシュするような香りに感じます。ギフトにもしたくなる洗練されたパッケージ。

DAMDAMボディウォッシュ紫蘇 300ml ￥2,970（SEVEN DAYS）

3 ピュアな石けんの力を感じるシンプル処方

少ない成分で構成されたとてもシンプルなボディソープ。ヨモギやアカシソなどの日本らしい保湿成分も入っています。ナチュラルコスメの使い始めの方にもおすすめなさらっとした使い心地。

NEMOHAMO ボディソープ 300ml ￥2,200（ビオスタイル）

4 クレイ×プロポリスで肌荒れやニキビケアにも

グリーンクレイも含まれたさっぱりと洗える石けん。プロポリスとピュアハニーの保湿・抗菌力でうるおいも逃さない洗い上がり。背中のニキビや顔のざらつきに、フェイスorボディブラシと併用するとさらに心地よく使えます。

アルジタル ヴェジタルソープ（プロポリス＆ピュアハニー）100g ￥1,980（石澤研究所）

5 大きめのスクラブ＋ジェルの感覚が気持ちいい！

ボディのスペシャルケアとして。ローズの華やかな香りのジェルに、大きめのクルミスクラブがミックスされ、太ももやヒップなど面積の大きいところにも使いやすい。肌の角質ケアはもちろん、巡り促進も意識してマッサージするのがベスト。

ジュリーク ボディ エクスフォリエイティングジェル M 200ml ￥4,400（ジュリーク・ジャパン）

4
THREE
Mind. Body. Skin.
balancing
full body emulsion
3
LIVER CLEANSE
LOTION
ORGANIC
2
made of Organics
ORGANIC
MOIST REPAIR
AFTER BATH OIL
NATURAL
100%
ORGANIC
70.0%
made of Organics
1
Dr.Hauschka
Zitronen Lemongrass
Pflegeöl
Lemon Lemongrass
Vitalising Body Oil
5
The daily herbal skin care for your Feet

おぎなう

ボディケア
BODY CARE

1 レモングラスの爽やかさがだるさをリフレッシュ

すっきりとしたレモングラスの香りは夏場や梅雨時期、身体に重さを感じる時にも役立ってくれます。しっかり保湿もするけれど、重たすぎないテクスチャー。

Dr.ハウシュカ バイタライジング ボディオイル ＜レモングラス＞ 75ml ¥4,180 (インターナショナルコスメティックス)

2 敏感肌のためのプレーンな保湿オイル

クッキーで言うならさっくりとしたプレーン味。保湿成分と素朴な香りで敏感な肌もなめらかに保湿します。やわらかい肌を保ちたい方に。濡れた肌にサッと塗れて時短にも。

made of Organics モイスト リペア アフターバス オイル 100ml ¥2,750(たかくら新産業)

3 保湿しながら詰まりを流すDETOXローション

ただ保湿するだけじゃない、身体の中の巡りまで促進。精油が清涼感を与えながら、不要なものを流し自然とすっきり。むくみの改善や、身体のほてりが気になる時にもおすすめ。夏の暑すぎる時期にとても助けられました。

アロマセラピーカンパニー リバークレンズ ボディローション 100ml ¥5,060(アルバ)

4 すんなり、しっとり使いやすさNo.1

さっぱりとした使用感で、肌が水を飲んだようにハリのあるみずみずしさをもたらします。軽めのテクスチャーで伸びもGOOD。幅広い方におすすめしやすいアイテム。

THREE バランシング フルボディ エマルジョン 100ml ¥4,950 (ACRO)

5 純度の高いピュアなフットクリーム

パンに良質なオリーブオイルと塩をつけて食べるとより美味しいように、純度の高いオイルやハーブを肌につけるともっちりした肌本来の魅力が引き出されるこの感じ。かかとをやさしく包み、ミントのスースー感が心地よく仕上げます。

ガミラシークレット フットバーム 100ml ¥3,630 (シービック)

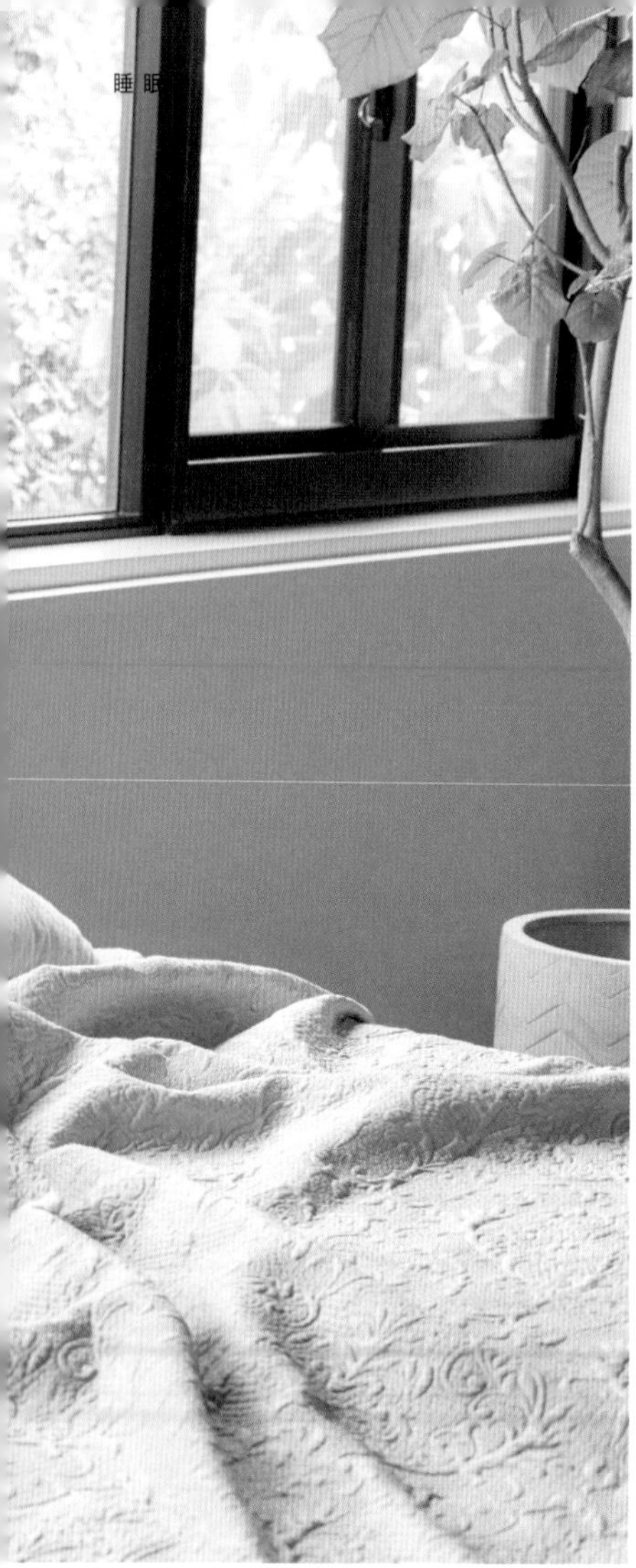

睡眠 Sleep

イイ動きは眠りから生まれる

身体と心にエネルギーを蓄える睡眠は、自分の状態を知るバロメーター。同時に、強さもくれるもの。

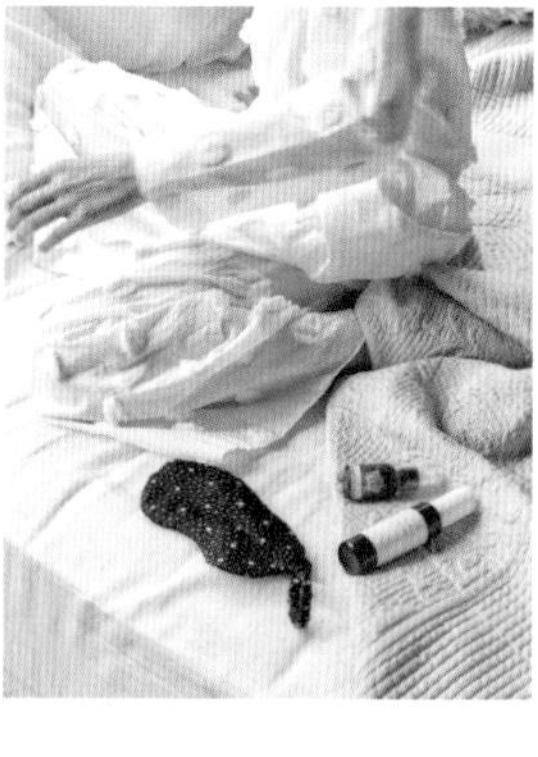

眠りって身体を休めることだから、なんとなく消極的なイメージがないでしょうか。疲れたから休む、何かが終わったから眠る、と「活動ファースト」な感覚で私も眠りを捉えていました。でも、以前アーユルヴェーダの施設に滞在し、その意識が変わりました。寝る時間を変えたら、翌朝の目のうるおいが全然違う。ちょっと早寝をするだけで、こんなに気持ちよく起きられ

るのか！　と驚きました。反対に、とてもつらいことがあった時、いつもの時間に朝起きられなくなったのです。ストレスはさておき身体ってすごい！　と感動したのを覚えています。また、ハードワークが続いた寝不足のある日、お財布をどこかに落としてしまいました。ちゃんと眠らなきゃだめだよ、の非常にわかりやすい例です（笑）。いい活動の基は眠りから。何かのついでではなくて、気持ちいい眠りは積極的に取りにいこうと思っています。

陰の気を補う眠り

陰陽の考え方をする漢方では、眠りは「陰の気」を補うこととして捉えられているようです。眠りと活動をセットで考え、陰陽で表す新鮮なアイデアでした。日常がステージだとしたら、眠りの時間はいい控室や食事のような感じ。表舞台だけに集中しても、やっぱりいいパフォーマンスはできないもの。そんな気づきを与えてくれるお話でした。

Zzz...

寝る時間のコントロール

アーユルヴェーダの施設で学んだように自然のサイクルに沿った生活が、一番元気が出るリズムかもしれません。睡眠時間は同じでも、22時と深夜2時に眠りにつくのでは疲れの取れ具合も違います。夜、余計なことでモヤモヤ悩むことが数日続いたら、早寝を意識します。「早く寝る」という意識に変わると夜が結構忙しいんですよね。

明日の気持ちいい朝のために、その時間に向かっていくような意識に変わるから面白い。あのココ・シャネルの名言に「睡眠は7時間か8時間は必要。窓は開けたまま寝ること。早起きして仕事は一生懸命やりなさい。夜更かしは禁物。夜更けすぎに面白いことなんか何もないから」というものがあります。何もないから。というクールなひとことを見てちょっと目が覚めました(笑)。

ついクヨクヨ考えごとをしてしまう夜に思い出す言葉です。

眠りの環境

寝る時にはベッドの周りを少し片付けます。「寝る」だけに集中しやすい環境を作って、寝ることはある意味、手放すことだから、ただ身体が気持ちいい、リラックスしているなあ～という気分で眠りにつけるよう整えます。ある時、携帯を別の部屋に置いて寝てみると、思いのほか暇だけれど、ちゃんと寝られて起きた時にすっきりしているような気がしました。違う部屋に置くことで、普段つながっている色々なものから離れて、自分だけの世界でしっかり休めました。不思議なもので、夜だけでも携帯から離れてみると朝また見るのが楽しみになるんです。好きな人が出張に行くとマンネリが解消されて、また会うのが楽しみになり盛り上がる、あの感じです。だらだらと情報を追ってしまう時もあるけれど、週に何度か違う部屋に携帯を置いてみると、携帯との距離感にメリハリがつき、朝起きるのが楽しみになるかも。

Sleep Time

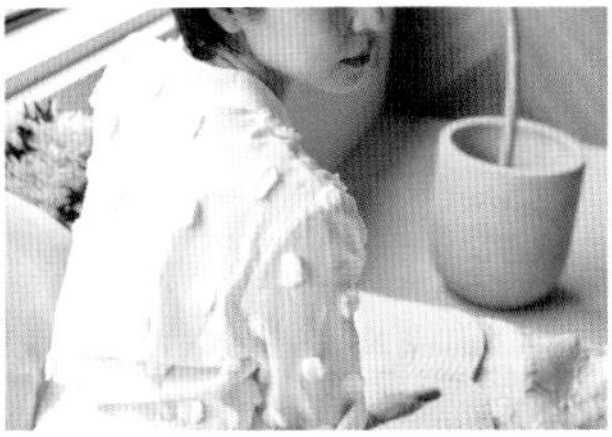

温活・冷活

Warm my body
Cool down

冷静と情熱のあいだってやつ

体調を崩さず元気な「気」を保つために
温度の調節を味方につけてみましょう。
熱すぎてもだめ、冷えるとこわばる。
ちょうどよい温度を探すのは人の気持ちに似ているかも？

温度って、実は大切なものだと思いませんか。暑すぎる夏に肌が炎症を起こしてしまった経験や、今まで一番寒い思いをした冬のスウェーデンで、オイルマッサージやあたたかい靴下がとても役に立ったことなど、色々なシチュエーションを通して、住む場所や季節に合わせた温度の調節と、自分にとっての適温を探すことは意外と大切なんだと感じるようになりました。内臓を冷やす、温めるなど身体にまつわる温度についての漢方の思想も、私にとってはとても新鮮で、自分の体質を理解し、生活しやすくなるヒントになりました。

　私は暑さが苦手で夏は体力が落ちるものの、秋になるとすっと元気になる体質を持っています。春先や夏に訪れる身体の不調を漢方の先生に話したら、漢方で身体にたまった熱を外に出すことで肌荒れや便秘などの症状が解決した、ということが何度もあります。温度に気を使うだけで解決することがこんなにあるんだ！　と衝撃でした。反対に、気持ちが落ちた時、ショックなことがあった時には、自然と人肌を求め

Hot & Cold

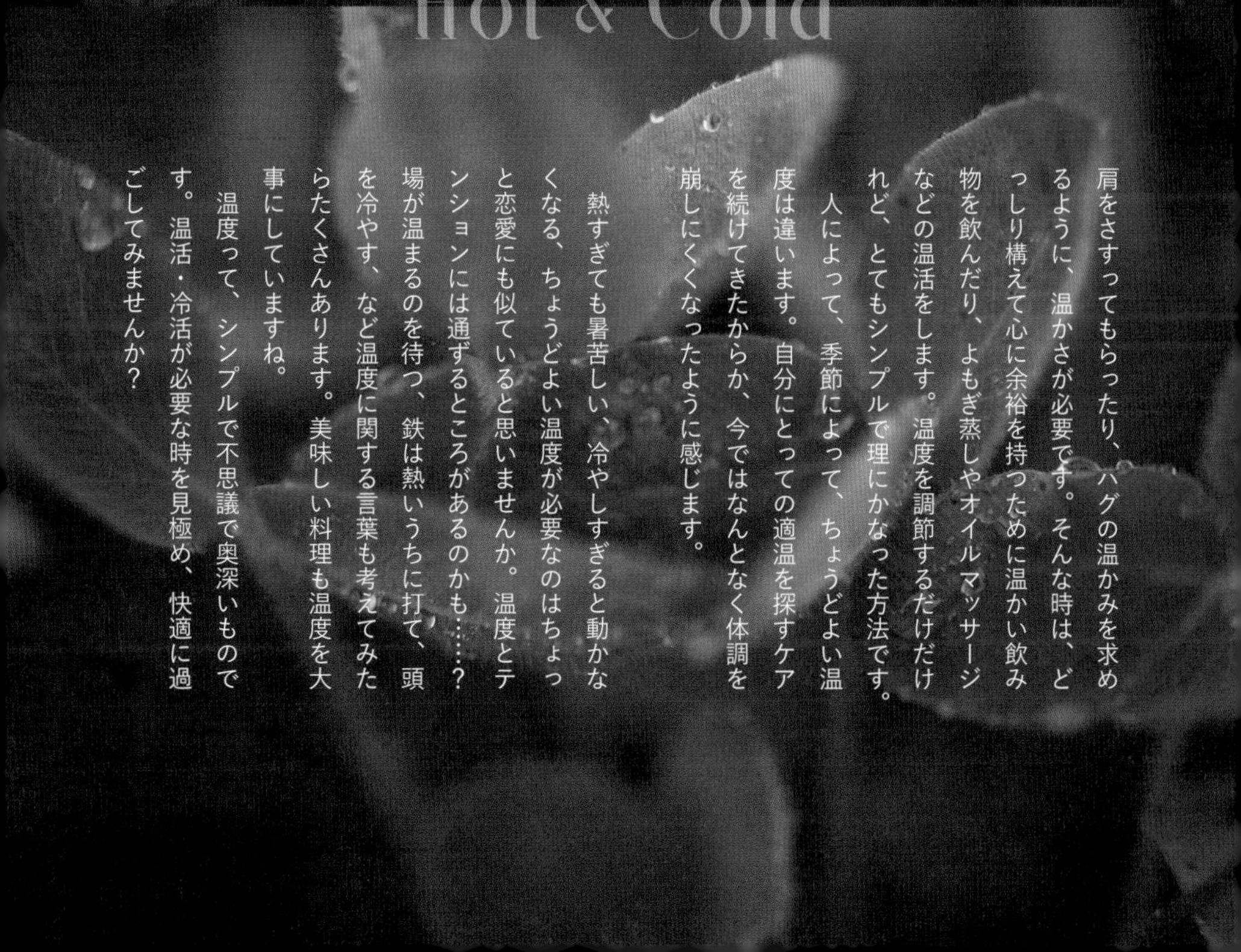

肩をさすってもらったり、ハグの温かみを求めるように、温かさが必要です。そんな時は、どっしり構えて心に余裕を持つために温かい飲み物を飲んだり、よもぎ蒸しやオイルマッサージなどの温活をします。温度を調節するだけだけれど、とてもシンプルで理にかなった方法です。

　人によって、季節によって、ちょうどよい温度は違います。自分にとっての適温を探すケアを続けてきたからか、今ではなんとなく体調を崩しにくくなったように感じます。

　熱すぎても暑苦しい、冷やしすぎると動かなくなる、ちょうどよい温度が必要なのはちょっと恋愛にも似ていると思いませんか。温度とテンションには通ずるところがあるのかも……？　場が温まるのを待つ、鉄は熱いうちに打て、頭を冷やす、など温度に関する言葉も考えてみたらたくさんあります。美味しい料理も温度を大事にしていますね。

　温度って、シンプルで不思議で奥深いものです。温活・冷活が必要な時を見極め、快適に過ごしてみませんか？

Warm my body

温活

あたたかさは元気のもと。
身体や心に安定感、やさしさ、
余裕、元気がある時、
そこにはやっぱり「温度」があります。
巡りをよくして、
内側に強さと弾力をくれる温活を。

温活 #敦子スメリスト

外から温めON

LIST 4

秋冬の制服的定番 温活ソックス

かかとソックスありきの秋冬を送っているので、ない時の冷え具合が想像できません(笑)。そのままでも、タイツや靴下の上からでも、婦人科系のツボが集まった足首周りを温めます。男性にも密かな人気。

ピュビケア サテン調シリーズ かかとソックス ¥4,730（ピュビケアサロン白金台）

LIST 3

じわっと上げる ウォーミングアップ系

朝のシャワー派にもおすすめなジェルタイプのボディウォッシュです。だんだんとテンションを上げてくれるようなアルニカの香り。マッサージするように身体になじませ洗い流します。疲れた時にも使いたくなります。

ヴェレダ アルニカ スポーツシャワージェル 200ml ¥1,980（ヴェレダ・ジャパン）

LIST 2

深い香りにほだされる しっとり温めケア

ピリついた気持ちも「しょうがないなぁ〜」とほぐれるマジョラムの香りが印象的。ペッパーなど血行を促進するスパイス入り。ほっとするセルフマッサージに使いたい。

ザ パブリック オーガニック スーパーリラックス ジェントリー 精油ボディオイル 90ml ¥1,760（カラーズ）

LIST 1

秋冬に常備したい 温活オイル

秋冬に冷たくなりがちな足先や、肩や腰に。どろっと濃厚なオイルが肌に浸透し、冷えた身体をアルニカなどのハーブがじんわり温めてくれます。巡りがよくなる疲労回復アイテム。

Dr.ハウシュカ エナジャイジング ボディオイル〈バーチアルニカ〉75ml ¥3,850（インターナショナルコスメティックス）

身体の中からウォーミングUP

LIST 4

スパイスの巡りの力で身体をベースアップ

なんとなく飲んでいてもじわじわと身体の土台を支えてくれるのがサプリのいいところ。ショウガやペッパーなど身体を目覚めさせるスパイスを簡単に取り入れられ、寒い時期に滞りがちな血流の改善をサポート。

アムリターラ スパイスフル ビューティー90粒 ¥3,240（アムリターラ）

LIST 3

温めと優雅さ感じるGOODバランス茶

ルイボス・ビワの葉・ローズなど甘味と香りの高い成分がブレンドされたお茶。草っぽいハーブティーが苦手な方にもおすすめの飲みやすい味。血の巡りや利尿作用を促進し、手先までじんわり温めます。

シンシア・ガーデン　五行茶　火［ka］- オリエンタルハーブティ ¥1,296（私物）

LIST 2

手放せない秋冬のレギュラーティー

独特の苦味と香ばしさ、飲んだ後の身体の温まり感が元気をくれる、バリア機能豊富なハーブ・エキナセアのお茶。冷えや疲れが気になる時や、巡りのサポートにも。日常的に飲んでいると元気のベースを整えてくれます。

Cosme Kitchen HERBORISTERIE ティザンヌ エキナセア ¥3,456（私物）

LIST 1

身体のエンジンを温める〝活〟のもと

日常的に取り入れることで身体の「気」を高めてくれるようなブレンド。喉の痛みを感じるとき、そのまま舌に垂らす使い方がお気に入り。エネルギーの高いフィトテラピーの力を手軽に取り入れられます。

Waphyto インナーリキッド エナジー 30g ¥5,940（Waphyto）

気持ちだって温めよう

LIST 2

カチカチハートもやさしくほぐし愛情を入れる隙間を

目に見えないけどとても大切な「ハート」の部分に働きかけるフラワーエッセンスが20種類もブレンドされた、スペシャルな一本。ショックなことがあった時、なんだか気持ちがギスギスした時はもちろん日常的に取り入れるとコミュニケーションがスムーズになり、自分への愛も深まる一本です。身体の周りにつくように使うのがおすすめ。

パシフィックエッセンス ハートスピリットスプレー 50ml ￥4,180（ネイチャーワールド）

LIST 1

その名も、ダイナミス。

自分の心身の根っこに元気を取り戻したい時に。エネルギーが枯れているように感じる時や、心の活力である情熱を取り戻したい方にもおすすめ。気を回復し、流れを取り戻すようサポート。

オーストラリアンブッシュフラワーエッセンス ダイナミス 30ml ￥3,564（ネイチャーワールド）

人生最良の買い物

よもぎ蒸し

ある時、友達に連れていってもらったよもぎ蒸し。もともとは韓国で産後の肥立ちケアとして生まれた民間療法なのだそうですが、これが寒い時期の温活にぴったり。マントを身につけ、よもぎなどの無農薬のハーブの蒸気を下から当てて下半身を温める座浴です。マントの中は何も身につけないので、サウナのような状態になりデリケートゾーンや背中、足元に直接蒸気が当たり、よもぎの香りも広がって、身体の内側からぽかぽかに。子宮も温まると伝えられています。

　30分ほど蒸した後は、悪いものが蒸気と一緒に出ていったようなすっきり感があります。すっかりはまってしまい、自宅用にも購入しました。秋冬の身体の冷える時期にやっているのですが、定期的に続けていくことで風邪を引きにくくなったり、花粉症の症状が和らいだりしたような気がします。気持ちが縮こまった時にはほんわりした温かさを感じ、夜寝付けない時にも心身がゆるまって自然に眠くなります。蒸した後の壺の中の様子で、今の身体の状態をチェックすることもできるそうです。お店に行って友達と横並びで施術を受けて、「最近さ〜」なんて言いながらよもぎ蒸しトークをするのも楽しいです。じっと座って、ただ蒸気を当てる時間はなかなかシュールなものですが、パワーを蓄えている気がしていい感じ。

　身体が温まると内側からほぐれ、不思議な安定感が出て、どっしりと構えられるような気がします。悲しかったり切ない気持ちになった時はとりあえずこの上に座り、温めてパワーを蓄えます。物事の見方にもなんとなく余裕が生まれるような。

　身体の状態をいい方向に持っていくことで、きっと心にもつながる効果があるのかもしれません。

ファンジンのよもぎ蒸しセット（私物）

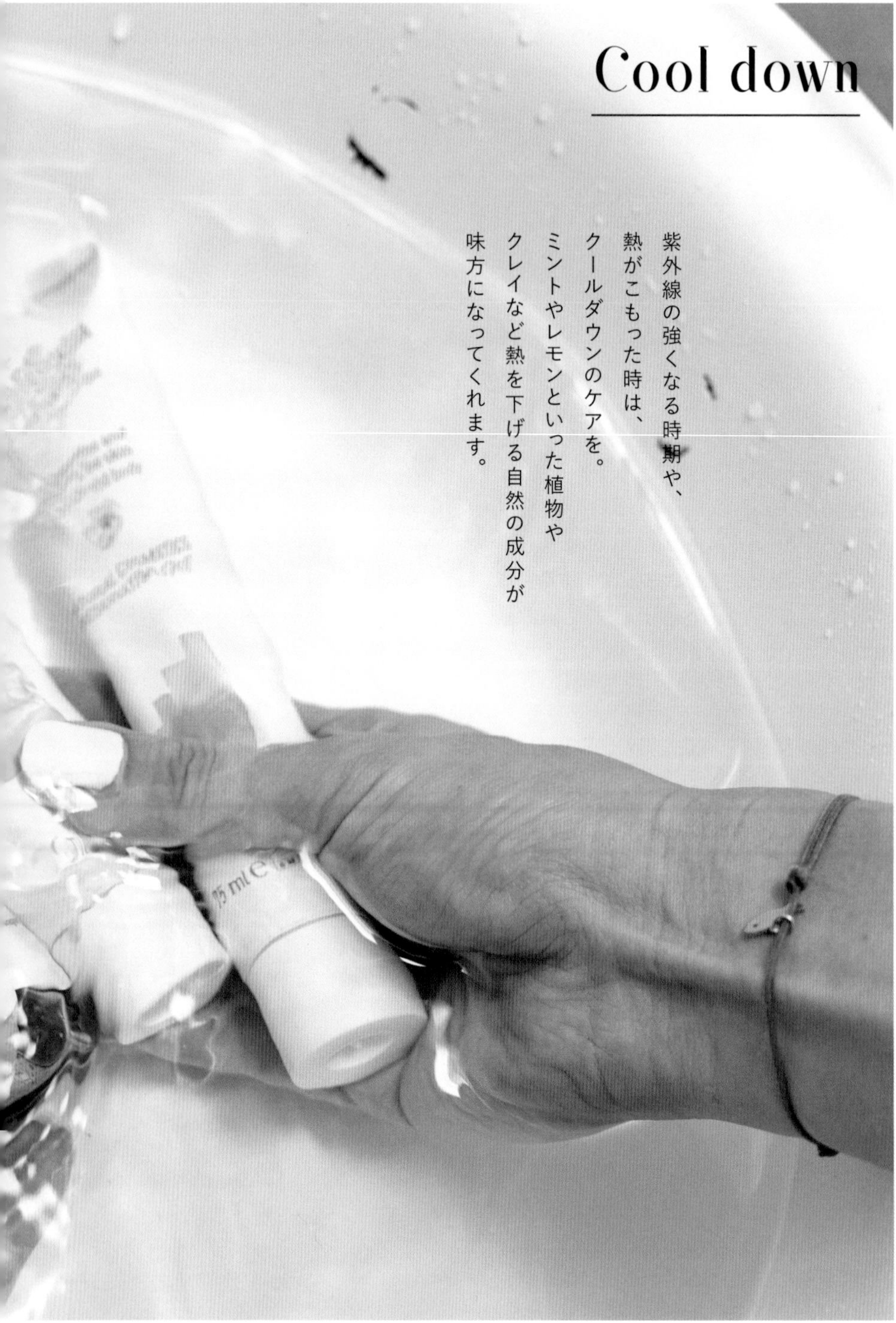

Cool down

紫外線の強くなる時期や、
熱がこもった時は、
クールダウンのケアを。
ミントやレモンといった植物や
クレイなど熱を下げる自然の成分が
味方になってくれます。

活

冷活 #敦子スメリスト

スースーコスメでクールダウン

LIST 4

スースーコスメの代表マルチウォーター

シンプルな4つの成分でできたドライシャンプーは、頭皮にはもちろん、暑い時期のボディスプレーとしてもおすすめ。お風呂上がりの濡れた髪のまま頭皮をマッサージすると冷感がさらにUP。

ザ・プロダクト ドライシャンプー 115ml ¥1,650（KOKOBUY）

LIST 3

ミントの冷感×レモンの抜け感 スースー育毛剤

昆布や海苔などの海藻成分が入った頭皮用エッセンスは育毛したい方にもおすすめ。頭皮全体がしっとり保湿されつつ、ミントとレモンが清涼感を与えます。

リンレン スカルプエッセンス（薬用育毛剤）ミント＆レモン 120ml ¥2,420（ピーバイ・イー）

LIST 2

トラブルの火消し役。季節の変わり目にも対応

あらゆる肌トラブルのもとである乾燥を防ぎバリア機能を高めるエキナセアのクリームは、塗った瞬間スーッと熱を冷ますような冷感が気持ちいい。ニキビができやすい方や慢性的な肌荒れに。長く愛されるロングセラー。

アルジタル インテンシブ エキナセアクリーム 75ml ¥3,850（石澤研究所）

LIST 1

クリーン・クールなスースークリーム

デリケートエリアのムレやかぶれ、身体のかゆみ系トラブルにも重宝。抗菌作用のあるニアウリや、おなじみのグリーンクレイが含まれさっぱりとした使い心地。肌が整う感覚に。

アルジタル デリケートハイジーンニアウリクリーム 75ml ¥3,850（石澤研究所）

化粧水でみずみずしさをチャージ

LIST 1

**しっとりうるるんを
ロングキープ**

とろみのある植物の根っこのエキスが、肌に水分ともっちり感をロングキープするのが魅力。個人的にはハーブや水、土（根）などの自然界の要素がバランスよく含まれている一品に感じます。エイジングケアにも。

ジュリークハイドレイティングウォーターエッセンス + 150ml ¥6,930（ジュリーク・ジャパン）

LIST 2

**肌にとって過酷な時期も
ともに乗り越える味方系**

毛穴が開いてしまった時や、紫外線ダメージでキメが乱れた時の救世主。拭き取り化粧水として使うと肌表面が整い、その日に必要なうるおいや栄養分をチャージできます。大人肌の乱れにもおすすめ。

MiMCビューティービオファイター ピュアフルーティー125ml ¥4,070（MIMC）

LIST 3

**毛穴開きの取締役
メンズにも**

澄みわたる独特の香りと使用感がクセになる夏の定番品。紫外線などで開いてしまった毛穴が気になる肌をスッと引き締め、肌の余分な熱を鎮静。皮脂が気になる方やメンズにも。

アルジタル ルジアダ ローション 100ml ¥4,400（石澤研究所）

LIST 4

**さっぱり・ヒタヒタ・
みずみずしい**

乾きやすい肌の水やりに最適。山ぶどうの樹液やお米の細胞水など自然の恵みたっぷりで、肌の透明感をアップさせたい時や水分不足・ニキビ予防に。内側までうるおいが届きます。

アムリターラ ライス＆グレープグロウイングウォーターセット（レフィルと専用ボトルのセット）120ml ¥5,665（アムリターラ）

熱を逃がす食べ物・飲み物

自分で作るジュース&サラダ

夏になると身体の熱を冷ますために、生野菜や果物を取り入れるようにしています。自分で作ると調味料に何を使うかきちんと選べるし、素材を選ぶ楽しみもあり、工夫して、毎回少しずつ変化を加えています。

　サラダはシャキシャキ感を楽しんでよく噛んで食べるようになるので満足感も高く、お腹にもやさしい気がしています。夏の水分補給にもなりますよね。ドレッシングに質のいいオイルを選べば、美容にも効果的。野菜の味そのものも美味しく感じられます。

　ジュース作りは、色も一緒に楽しむもの。にんじんが多ければきれいなオレンジ色に、葉っぱ系の野菜を入れればグリーンに仕上がって、見た目からも元気がもらえます。自分で作ったものは美味しいし、何より愛情が湧いてくる。

　春夏の時期を楽しみ、身体に栄養を与える私なりの方法です。

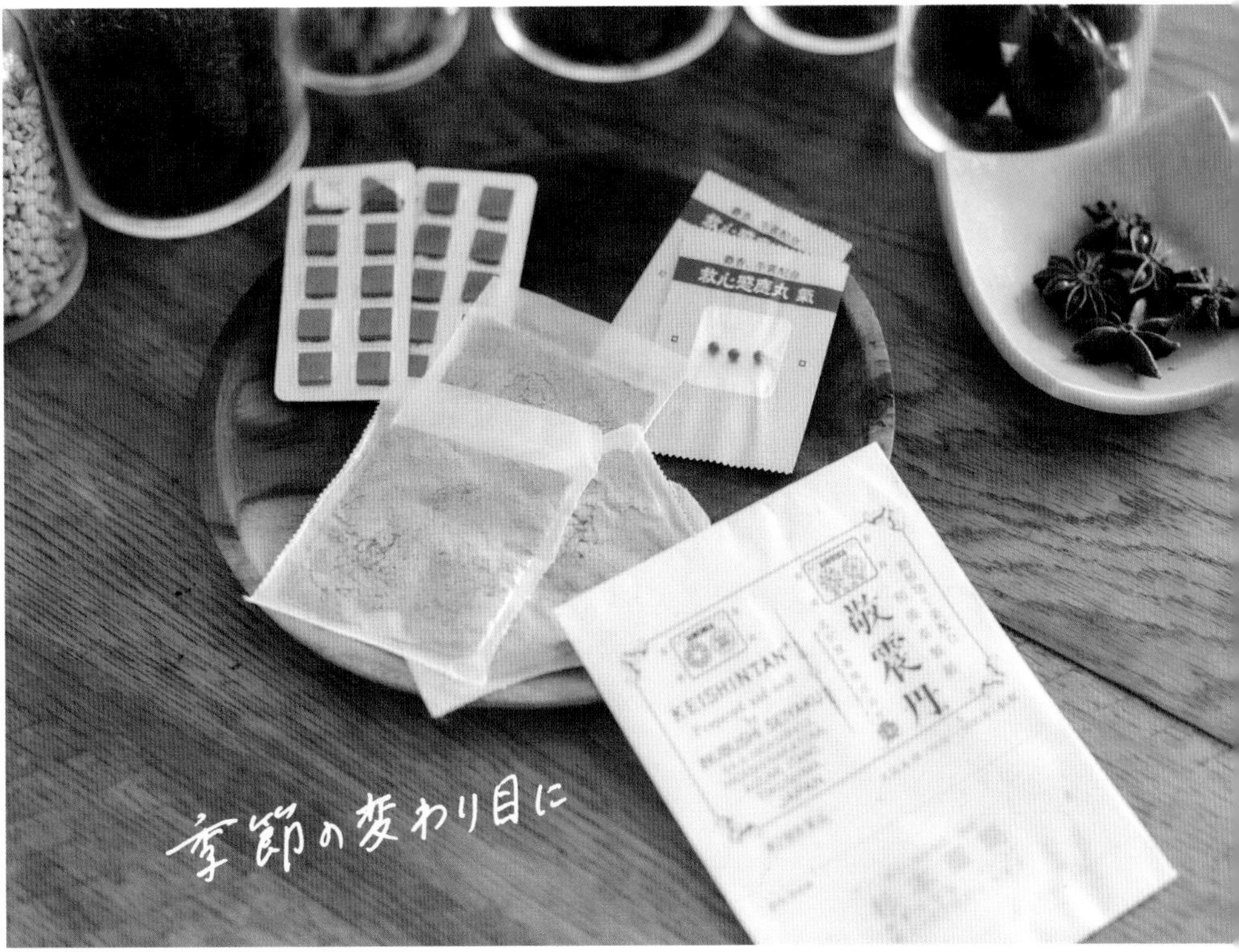

漢方をうまく取り入れる

季節の変わり目で体調が揺れやすい時や、ちょっとした不調の時に取り入れているのが漢方です。私にとって漢方は、自然の摂理に沿った考え方を教えてくれて、本来のバランスの取れた状態の自分に立ち返らせてくれるもの。調子がすぐれない時って視野も狭まりがちですが、漢方の考え方にハッとさせられ、気づきや学びも多いところが好きです。例えばおでこに吹き出物ができた時に「熱が身体にたまって、気が頭の方に上がっておでこに吹き出物として現れている」など解釈も独特で話がとにかく面白いところが好き。

保険の利く病院でも処方してもらえるほか、専門の漢方相談に行くこともあります。杉本薬局の格朗先生は出してくれる薬はもちろん、先生の話の漢方相談スタイルも最高です。気になる症状をお伝えして、漢方的視点から客観的に見た自分の状態を教えてくれたり、話していくうちに身体の状態と心の状態がリンクしていることに気づかされたり、身体の状態を整えていくことで今まで問題と思っていたことが気にならなくなったりなど、興味深いことがたくさんありました。何より格朗先生のしっかり向き合うカウンセリングに安心感が。

杉本薬局 神奈川県鎌倉市大船1-25-37　HP：https://sugimoto-ph.com/
杉本漢方堂Soil 東京都渋谷区神宮前5-10-1GYRE4階 eatrip soil内で木・日開催（不定期）

裏ワザ

いつだって クレイが味方

年々厳しくなる暑さに対応するケアは、ぜひみんなに知ってほしい！　夏の海で砂浜に足を入れた瞬間、ひやっと冷たくて気持ちいい感触を覚えているでしょうか。クレイはそんな風に、余分な熱を下げるほか、肌をやわらかく保つエイジングケア効果も実は持っています。

冷やす、というよりも日焼けや炎症の余分なほてりを取り、正常で快適な温度に戻す感覚です。日焼けの後やほてって寝付けない夜や、痛み、むくみがある時に、ぜひこの力を借りてほしいなと思います。

もちろん、顔や身体のパックとして使うと不要な角質をオフする効果も。使った後の肌はくすみも取れ、化粧水の浸透もよくなります。そんな様々な効能を持つ万能クレイパックの活用法をご紹介。

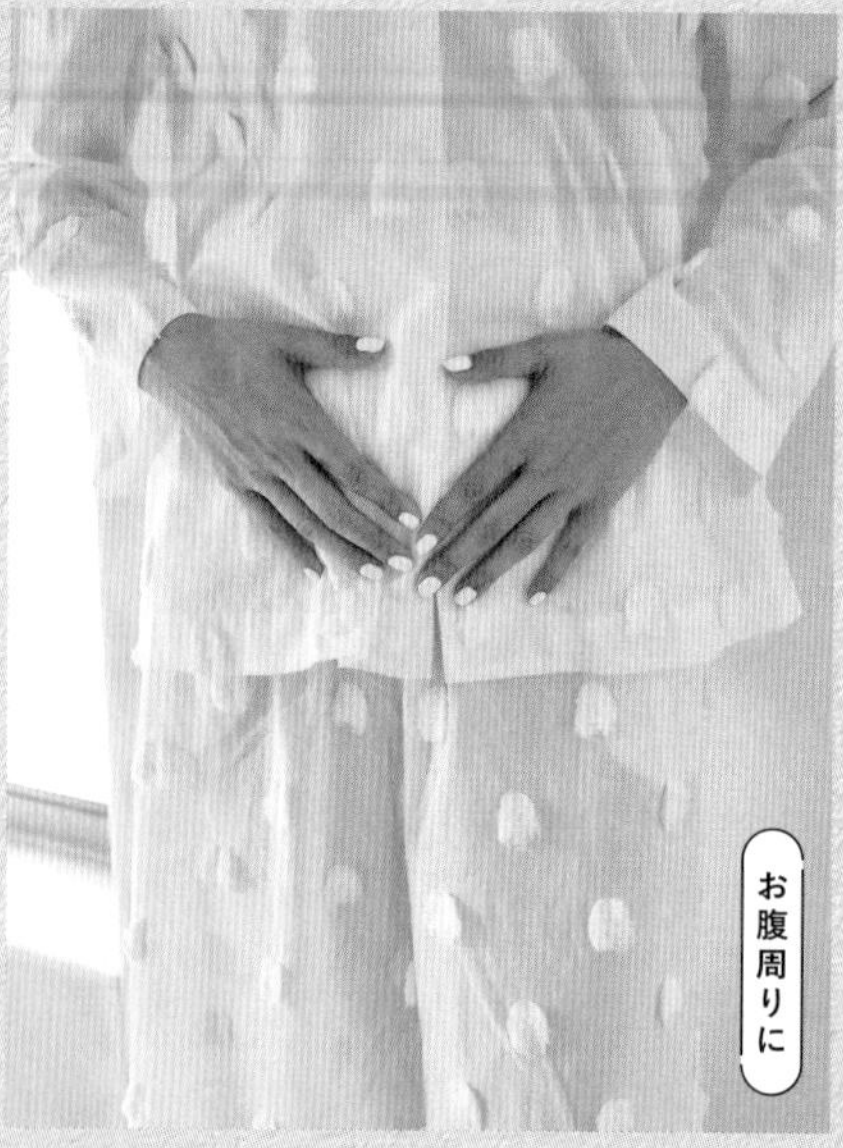

生理痛、お腹のハリに。

This is it.

アルジタル グリーンクレイペースト 250ml ¥3,960（石澤研究所）

生理中、子宮の周りが熱を持っていたり、お腹が張って痛みを感じた時に。下腹部にクレイを塗り、キッチンペーパーで押さえます。持っていた熱が鎮静され、不快感や痛みが落ち着く感覚も。

◦足のむくみや疲れがある時◦

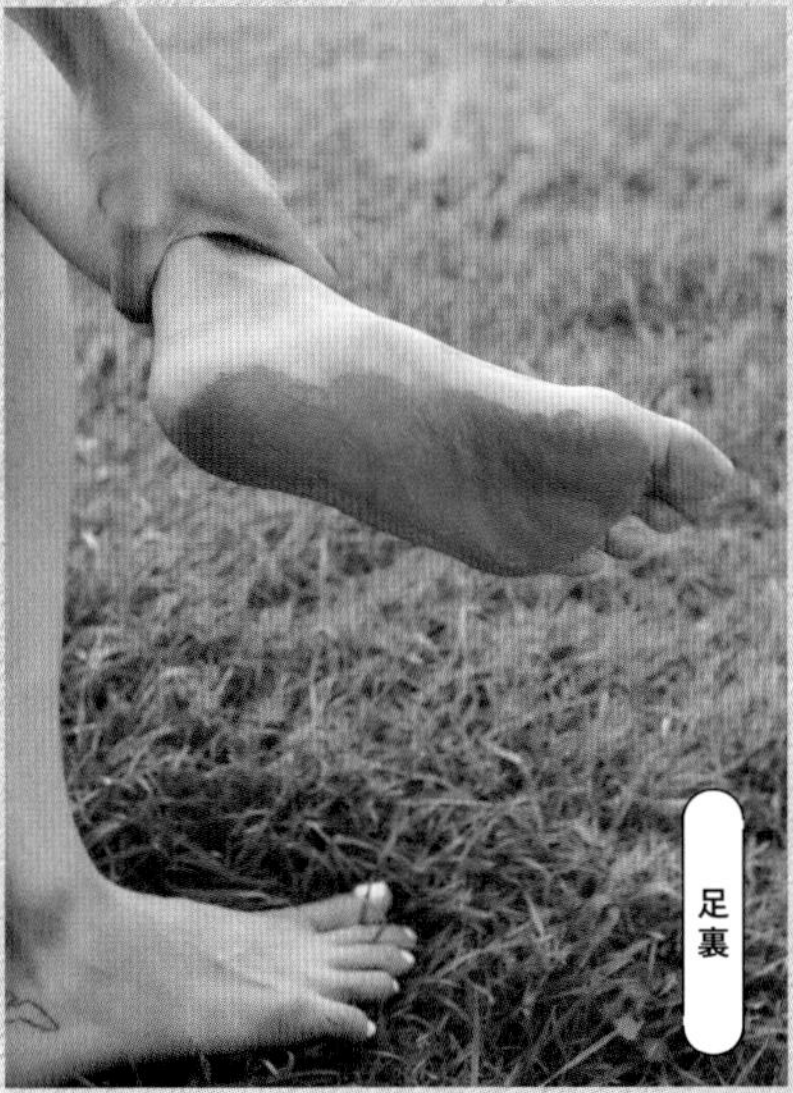

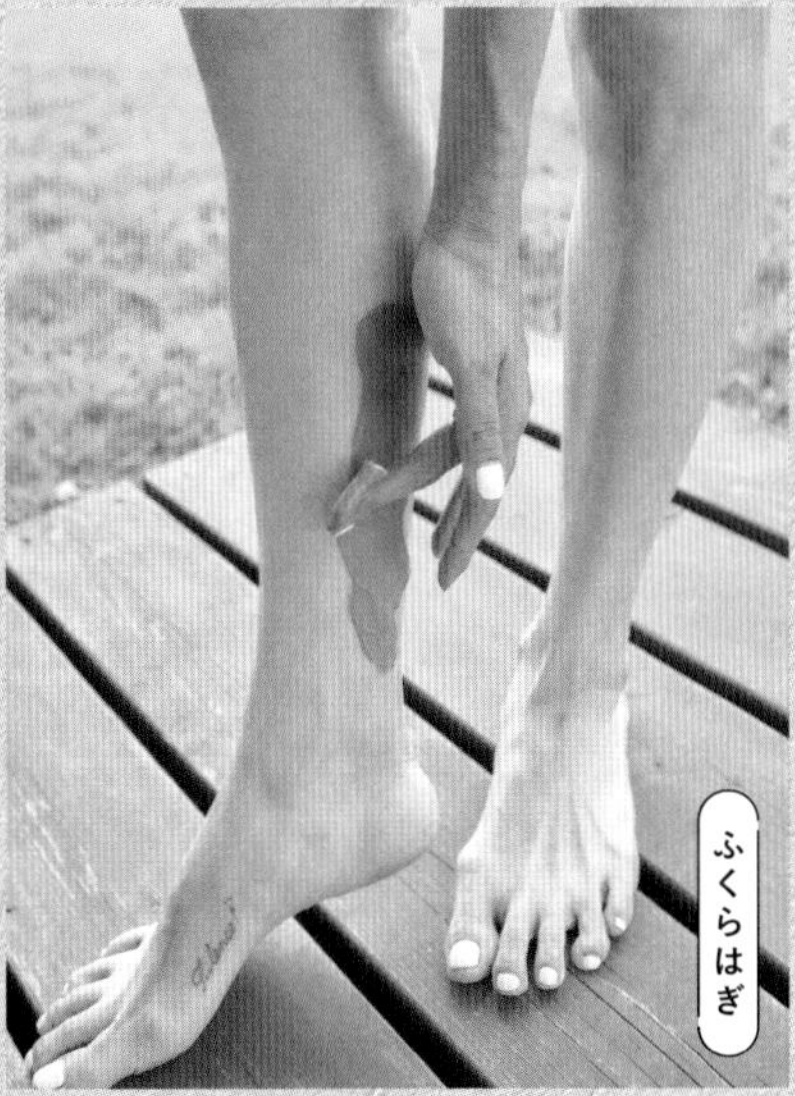

身体が重たい時には足裏に、むくみが気になる時はふくらはぎに塗ってキッチンペーパーを貼っておきます。クレイの吸着作用で足元もすっきり。足裏パックはほてりにも効果的。よく眠れるようになったという声も。

◦日焼けあとに◦

夏の太陽を浴びすぎた時に。ほてった肌にクレイを軽く塗るとほてりを鎮め、身体の中の熱を外に出してくれます。腕や首の後ろによく使っています。半乾きで洗い流します。

2.Strength —Mind & The Body Theme④ Seasonal Care

旬のケア

Seasonal Care

“今”必要なものを知る

「旬」と「今」って似た言葉ですね。
移ろう季節の中で、まさに今必要なもの。
それぞれの時期に、
今必要な「旬のケア」をご紹介。

春
/
Spring

Keyword.
シンプルさと安定感

暖かくなり、冬にこわばっていた身体がゆるみ始め、たまったものが外に出やすく心身が不安定になりやすい時。花粉症などの季節の症状や肌のかゆみや荒れといった揺らぎがある時なので、肌を鎮静させるシンプルなアイテムを選びましょう。肌を刺激せずに、しっかり保湿し安定させるケアがおすすめ。

1
肌揺れ期の常備アイテム

2
季節の揺らぎの
スルースキル

徹底的な引き算ケア

濃厚な素材力で勝負します

no 1

季節の変わり目の揺らぎを鎮めて透明感を引き出します。紫外線による肌表面の炎症にも効果的。日焼けダメージに悩む妻のために開発された愛ある一品。

アルジタル ブライトモイスチャライジング カモミールクリーム 50ml ￥3,850（石澤研究所）

no 2

春先の肌荒れやキメの乱れ、肌の凸凹感が気になる時におすすめなバーム。漢方でもよく用いられるオウゴン・ハトムギなどのエキスが肌を鎮め、バームに含まれた油分が肌にほどよい膜を作り、守ります。毎年リピしたい季節商品。

チャントアチャーム バリアバーム S（センシティブ）＜保湿バーム＞ 20g ￥3,850 限定商品（ネイチャーズウェイ）

no 3

みずみずしくしっとりしたテクスチャーで肌に水分と油分を与えるオールインワン美容液。乾燥が気になる時は重ね付けするなどコンディションで調整して。

SENN ウォーターオイルバランサー 乾燥／浄 30ml ￥7,040（TO NINE）

no 4

もう何回助けられたかわかりません。こっくりしたテクスチャーと満足感のある保湿力、その上刺激の少ないシンプルな成分で素材の力を感じられます。不安定になった肌に。

マルティナ シアーナクリーム 50ml ￥4,400（おもちゃ箱）

梅雨 / Rainy Season

Keyword.

冷えと重さを取り、巡らせる

1

重たい空気に隙間を作る

2

気の交通渋滞を解消

no 1

梅雨時の片頭痛や重さに。さわやかさで抜けをつくるローズマリーやユーカリの精油入り。心身の疲れを取るやわらかなブレンドの中に、少し身体をウォーミングアップさせるような葉や実の精油が利いています。

ザ パブリック オーガニック レストフルスリーブ 睡眠ピローミスト 60ml ¥3,080（カラーズ）

no 2

ハリや滞り、重さやだるさの気になる部位もスッとエネルギーが巡って軽くなり、イキイキした活力を与えてくれます。PC作業での上半身のこわばりや冷えた足腰に。痛みにも効果的なフラワーエッセンス入り。

ジャナーク アクティブクリーム 125ml ¥3,080（シンシア・ガーデン）

no 3

湿気で憂鬱になりがちなヘアスタイリングも楽しみに変えてくれる一品。毛先のニュアンス作りやまとめ髪、保湿にも。爽やかでユニセックスな香り。

アルジェラン モイストグロー ヘアバーム 32g ¥1,870（マツモトキヨシ）

no 4

だるさが取れて気持ちいい！ローズマリーやサイプレスなどの「巡らす系」の精油がコリや滞り、筋肉のハリを流すように導きます。オイルやボディクリームに混ぜたり、こめかみにつけて。

SHIGETA PARIS エッセンシャルオイル リバーオブライフ 15ml ¥6,600（SHIGETA）

no 5

梅雨に気になる足の冷えに。温め作用のあるハーブや毒素の排出を促す植物エキスが入ったオイル。滞りがちなボディに温かさや生命力を与えます。適度にどろっと重みがあるのもポイント。

Dr.ハウシュカ エナジャイイジング ボディオイル <バーチアルニカ> 75ml ¥3,850（インターナショナルコスメティックス）

3
うねり広がり
まろやかにまとめる

4
別名・風穴オイル

5
強壮系 梅雨時期の足の冷えに

梅雨は「巡り」がキーワード。雨の日が多くなり、「水」が持つ重たさの質が増えて、人によってはむくみやすくなったり、気分が重くなったりしがち。足元も意外と冷える時。梅雨の重いエネルギーが滞ったような状態は、精油や巡りケアで軽減できます。この時期は体力が必要になる夏の前の小休止と捉え、セルフケアを。

Keyword.

毛穴開きにジェル対応

夏
/
Summer

気温が上がり紫外線を強く浴びる夏は、肌や身体にとって少しハードな時期。紫外線を浴びるだけでも体力が落ちるもの。毛穴開きや炎症予防に。外的影響に対するケアが必要。肌が保つ温度も上がるので水分補給をしっかりしましょう。たっぷり保湿する化粧水と、肌の奥まで栄養を届け毛穴を締めるジェルを味方に。

暑い国の美容の肝《きも》が集結

1

2

主役級の名脇役

3

砂漠のオアシス的保水力

生きたうるおいを即補給

4

no 3

ジェル状の花びら入りマスクが肌をクールダウンさせながら、水分をたっぷり届けます。暑い日にプールに浮かんだ時のような心地よさ。弾力のある貯水肌に導きます。夏の暑い時期には冷蔵庫で冷やして使ってみて。

ファミュ フラワーインフューズド ファインマスク 50g ￥4,400（アリエルトレーディング）

no 4

ハマナスとアロエベラの細胞水、シラカバ樹液など生きたうるおいがこれでもかと入ったジェル状美容液。夏のダメージを受けた肌に水分を与えつつ、内側からうるおっているような、生命力あるうるうる感のある肌に即シフト。

アムリターラ ローズ リビング セラム 30ml ￥8,580（アムリターラ）

no 1

ローズにアロエ、サボテンなどモロッコ美容の中心成分が集結したしっとりジェル。熱を冷ましながら水分補給し、夏のダメージや肌荒れに負けない肌へ導きます。内側からふっくらするような弾力も。

フルールドファティマ モイストキープ アクアジェル 30ml ￥6,820（ファティマ）

no 2

肌にすん！と浸透し、気になる毛穴の開きや荒れたキメを整えます。化粧水と乳液・オイルの間に挟むことでスキンケアの仕上がりを底上げする仕事人。肌を引き締めたい方に。

ファミュ ルミエール ヴァイタルC 30ml ￥8,800（アリエルトレーディング）

秋 / Autumn

2 栄養たっぷりの黄金オイル

1 そうそうこれこれの満足感

肌寒さを感じるようになり、空気の乾燥と冷えで、木の葉が舞うように肌にもカサつきを感じる時期。夜の訪れも早まります。この時期からは「蓄える美容」を意識して、お風呂になるべく浸かり身体を温め、スキンケアにはたっぷり油分を。肌の巡りをよくして、ハリをもたらすオイルを味方に。必要なものを蓄え、見た目もいきいきとした、生命力ある肌に導きます。

no 1

翌朝肌にツヤが戻ったような仕上がりが楽しみで、寝る前にウキウキしながらつけています。深みと華やかさのある香り。軽めなテクスチャーなのにしっかり保湿。

Waphyto レジェナ フェイシャルオイル 30ml
¥8,800（Waphyto）

no 2

上質なオイルを多数ブレンド。色からわかるようにビタミン豊富。乾燥はもちろん、紫外線のダメージでカサついて見える疲れ肌にいきいきとしたツヤを与えます。

rms beauty ビューティ オイル 30ml
¥9,980（アルファネット）

no 3

アルジタルの作るオイルは、いつもそれにしかできないオリジナル要素の宝庫。独特の香りに、オイルなのにみずみずしい感覚。かと思えば、しっかり浸透してやわらかさや若々しさを取り戻すのをサポート。

アルジタル アンチ W フェイスオイル 50ml
¥5,390（石澤研究所）

no 4

毎回嗅ぐたびに気持ちをふんわり、反対に落ち着かせてもくれる香り。軽いテクスチャーと浸透のよさ、見逃せないコスパ、など多角的な魅力でオイル美容をこれから始める方にもおすすめ。ゴワつきやすい肌のブースターにも。

アルジェラン モイストクリア スキンオイル 30ml ¥2,178（マツモトキヨシ）

いい香りすぎて倒れそう

このオイルにしか
できない役割

Keyword.

カサカサにはうるうるで対処

冬 / Winter

Keyword.

冬越え力を蓄えろ

1

思い出しただけで喉がうるおうようなインパクト

すっかり冷え込む冬本番は温めるのはもちろんのこと、自然の"生命力"をたっぷり蓄えられる、エネルギーに満ちたケアを。鍋を食すようにどっしりした強さを補います。寒さでこわばりがちな身体を温めつつ、植物の持つ癒やし、巡らせる作用、香りなど、冬を越す力を満タンに補給しましょう。温活ページと合わせてチェック。

生命力まで上げてくれそうな
ミネラル満タン天然泥

土や植物のエネルギー
に満ちたケア

no 1

深みと香りが身体に響くような美味しさと生命力を持つ福岡県糸島産の手摘みよもぎを使ったブレンド茶。身体を温めうるおす、秋冬の必需品。

-suu- 香りひろがる 月のよもぎ茶 ¥2,700（-suu-）

no 2

＃敦子スメ 的にはロングヒットなマルチアイテム。入浴剤として使用すると身体の芯からぽかぽかに、そしてエネルギーまで上げてくれる感覚。パックに使えば肌のプリッと感が回復。自然からしか得られないパワーが本当にたっぷり。

フランシラ ピートトリートメント 500ml ¥10,780（フランシラ＆フランツ）

no 3

ハーブや精油に加えてホメオパシーやフラワーエッセンスも隠し味になっているボディオイル。温まるだけでなく、自然の中を歩いている時のようなほっと包まれる感があるのが不思議。植物の生命力を感じるアイテム。

フランシラ リリーフボディオイル 100ml ¥5,500（フランシラ＆フランツ）

3. 流れに乗る生活

index.

Gather ye Rose-buds while ye may,
Old Time is still a-flying:And this same flower that smiles today,
Tomorrow will be dying.
—Robert Herrick

自然な流れに乗る

3.Flow ― Go with the natural Flow

子どもの頃から当たり前のように感じていた四季の巡り。オーガニックコスメに出会い、植物や自然について学ぶようになってから、やはり自然には目に見えない秩序や法則があるんだなと改めて気がつき、意識するようになりました。

人間が天気をコントロールできないように、最後には自然の力には敵わない。何かしたいと思ったら、自分でやれること以外に時機や状況、流れも必要だから、自然のことをよく知って、味方につけてしまおう。そんな合理的な考えがスタートだったけど、そういう気持ちからでも自然を意識すると、ふとした時に味方してくれたり、反対に「そっちじゃないよ」という時は気づきやすい出来事を通して教えてくれたりする気がします。

この本の制作中も、大事な時には天気が曇りから晴れに変わったり、撮影が終わった瞬間に遠い空の向こうに雨が降り、虹が出るなど印象的な瞬間が続き、「いいものを作りなさい」と言われている気持ちになりました。また落ち込むことがあった日、道で自分のデザインしたアクセサリーをつけてくれている子にバッタリ！ その時はクヨクヨしている場合じゃない、という気持ちにさせられました。

目に見えない自然の流れと調和していると、そんな風にメッセージが向こうからやってくるのを感じます。

二十四節気の流れ

NIJYU-SHI SEKKI NO NAGARE

古くから伝わる「二十四節気」。太陽の動きを基に、季節の移ろいを二十四の節気に区切ったものです。「清明」「穀雨」など漢字からその有り様が目に浮かぶ、東洋人の美しい感性が込められた名前の節気もあります。

二十四節気について調べると気候の変化だけでなく、それに沿った気持ちや行動の変化も記されていてユニークです。春は命が芽吹いて人も新しいことをしたくなる、夏は陽が高くなって、陽気になる。秋は実りの季節を楽しみ、冬は一年をまとめる気持ちで、運を上げる行動を取るなど、よくよく見てみると昔の人たちが自然と共に過ごしてきたのがわかります。温度や湿度に影響されて、気持ちも行動も変化する自然と調和した生活を送っていたんだなとイメージできます。

二十四節気は自然とその中に暮らす人の気持ちの流れをリンクさせた、オリジナルのカレンダー。一年を通して見ると、全体の流れやその時々にやるべきこと、気をつけることなどもわかりやすくなります。そんな中でも大きな節目となる8つの節気をピックアップして、そこに合わせた#敦子スメを集めました。

春の始まりは「赤」で気合を入れる

2/4頃

立春

立春は、一年の始まりの日とされるタイミング。今年の願いを込めて「赤」の力を使って気合を入れたい時。赤は厄除けの色として伝えられる地域もあるほか、身体を温めパワーをくれる色。意思の色でもありますね。新しい一年に足を踏み入れるこの時期に、パワフルな赤の力でエネルギーを高めましょう。

1〜4. 赤を研究したネイルのシリーズ。パキッとした赤、深い赤、ひとくちに赤と言ってもたくさんのバリエーションがあります。自分の肌に合わせて異なる赤を重ね付けする「混ぜ赤」でマイレッドを見つけて。uka レッドスタディ ワン 1/1、2/1、3/1、4/1 各10ml 各￥2,420（ウカトーキョーヘッドオフィス）　5. この赤をつけると表情がはっきり。肌も明るく見えます。ラ ブーシュ ルージュ リフィル POPART RED￥4,840 レザー ケース￥8,910（La bouche rouge）　6. カジュアルに使うなら、カラーリップが便利。手軽にお洒落顔に。ザ パブリック オーガニック 精油カラーリップスティック バーニングレッド￥712（カラーズ）　7.〝美人見え〟するキュンと上がる赤。印象的な顔に仕上がる。ZARA Beauty TINTED BALM LIPSTICK トーン 614 EXTRA ￥1,390（私物）　8. つける濃さで印象の違う洗練レッド。rms beauty リップチーク ビーラブド 5ml ￥5,280（アルファネット）　9. 一本でも、他の色と混ぜても。少し深みのある定番レッド。rms beauty リップスティックリバウンド ￥4,180（アルファネット）

希望と命が芽吹く春は花の香気

3/21

春分

春は新しい命が芽吹いてくる時。西洋占星術でも春分点は新しい始まりを表します。外を歩くと植物が元気に芽吹き始め、希望が湧いてくる気がします。「花の香り」もよりイキイキと心地よく感じられます。華やかなローズの香りで心と身体に春の訪れを伝えましょう。

1. ローズの香りは幸福感が高まると言われていますがその通り。この芳香を試してほしい！余計なものを一切入れず、純粋な植物成分のみだからこそのパワフルさを感じるはず。肌にハリ、ツヤが欲しい方にも。ヘアケア用やオイルパックとしてなど実はマルチ。ガミラシークレット フェイスオイルワイルドローズ 50ml ¥10,450（シービック） 2. 春の訪れにぴったりな軽やかな香りのオイルです。様々なハーブの入り混じった香りで、いい土で育った植物の畑にいるような気分になります。なじみがよく肌をやわらかく仕上げるのでゴワつきが気になる方にも。翌朝のふか肌に驚く。ジュリーク スキンバランシングフェイスオイル 10ml ¥1,980（ジュリーク・ジャパン） 3. 知る人ぞ知る「じゅうたんオイル」の異名を持つブライトニングオイル。じゅうたんのように肌をふかふかにやわらかく保ちます。一般的なオイルに比べてよく浸透するのも特徴。アルジタル ブライトニング ローズ フェイスオイル 50ml ¥4,730（石澤研究所） 4. 香りをひとことで表すなら、思い浮かぶ言葉は「青春」。春風に乗って軽やかに運ばれてきたような甘く爽やかな香りのボディソープです。その日にあった嬉しいことを思い浮かべながら使って。アルジェラン モイストスムース ボディソープ 480ml ¥1,078(マツモトキヨシ) 5. こわばりやガサつきのない、ふかふか肌に整えるブースター美容液。バラのいい香りがあたたかくなってきた春先にぴったり。ファミュ ローズ ソフトナー 50ml ¥3,960（アリエルトレーディング）

気候最高お出かけ日和！UVケアは必携

5/6頃

立夏

5月の気候の心地よさは、胸が躍ります。西洋占星術では五感を満たす牡牛座の時期。やわらかい風が吹き、陽もあたたかく、外に出かけることが楽しい！　花もきれいに咲いています。のびのびした空気を楽しんで。と同時に、紫外線ケアも忘れずに。

1. 植物の持つ力だけで紫外線ケアを叶える特性から、ちょっとしたお出かけの日焼け止めとしても、スキンケア時のブースターとしても使える新しい感覚のオイルです。塗っていて肌ストレスなし。シロ タマヌオイルUV 30ml ￥17,600(シロ)　2. 塗り直しも落とすのも両方簡単なUVパウダーは便利度No.1。汗が気になる方や、軽い使用感が好きな方におすすめ。紫外線以外にも、ブルーライト、大気汚染などから肌を守ります。MiMC ナチュラルエイジングケアミネラルパウダーサンスクリーン 7.0g ￥6,930（MIMC）　3. しっとり保湿しながら紫外線から肌を守り、ヴェールがかかったようにワントーン明るく美しく仕上げます。ETVOS モイストバリアBB 30ml ￥4,180（エトヴォス）　4. 夏のヘアケアに一本常備しておきたいアイテム。UVフィルターが紫外線から髪を守り、つるつるで艶やかな髪に。サロンレベルの仕上がり。オーウェイ サン プロテクティブ エリクサー 100ml ￥4,180（アラミック）

陽の力が極まる夏。バランスを心がけて

6/21頃

夏至

一年で一番陽のエネルギーが高まる時期。加えて梅雨の影響も。身体のテンションを穏やかに保ち、熱を逃がすケアを心がけましょう。陽の力で眠りが浅くなりやすい時期でもあります。ここからは冷活ページも参考に、夏の疲れを癒やすケアを取り入れて。

1. 暑い時に最高に美味しい。あらごしの粒々アロエジュースは飲むと粘膜までうるおいそう。大好きな一品。沖縄アロエベラの贅沢あら搾り 500ml ￥1,836（アムリターラ） 2. 汗をかいた日や陽を浴びて疲れる時期にはこの香りで免疫力アップがぴったり。活力が蘇り、内側から力がみなぎる感覚。家族で使えるたっぷりサイズ。ザ パブリック オーガニック スーパーバウンシー 精油ボディソープ 480ml ￥1,408（カラーズ） 3. 太陽の力が強まる夏至は、陽の気も高まる時。気持ちの鎮まるラベンダーの香りでバランスを。お風呂でつい眠ってしまいそうに。ヴェレダ ラベンダーバスミルク 200ml ￥3,080（ヴェレダ・ジャパン） 4. 身体に熱がたまりやすい方に絶対知ってほしい。保湿に加えレモンやウイキョウなどの精油が身体の消化力を促進。たまった熱を外に出し、気が巡る心地よさを感じて。アロマセラピーカンパニー リバークレンズ ボディローション 100ml ￥5,060（アルバ）

今から始めるサンダメージケア

8/7頃

立秋

暑さのピークを感じる頃ですが、暦では秋の始まり。気温がだんだん下がるのに合わせて、夏に受けた紫外線ダメージが心身にはっきり表れてくる頃。肌の乾燥や、キメの乱れ、ほてりなどが気になる人が多いかも。シートマスクを使ったスペシャルケアや、肌のバイタリティを再び高めるアイテムをチョイスし整えましょう。

1. 洗顔後すぐ、化粧水の前につけるタイプの泡状美容液。炭酸が血行を促進し、肌の奥まで保湿してもっちりさせるのでその後のスキンケアをつい忘れてしまうほど。何本もリピートしている信頼の一本。チャントアチャーム 炭酸ムースセラム 70g ￥4,400（ネイチャーズウェイ） 2. 夏の終わりに向けて、しっかり栄養補給したいタイミングに。揺らいだ肌のキメを安定させるローズヒップオイルに加え、自然由来のビタミンC、アロエなどサンダメージや肌の揺らぎにいい成分たっぷり。トリロジー Cモイスチュアライジング ローション 50ml ￥6,710（ピー・エス・インターナショナル） 3. 紫外線ダメージやエアコンで肌が乾燥する季節の強い味方のクリームマスク。紫外線を浴びすぎて乱れた肌表面の凸凹や毛穴の開きなど気になる肌疲れを鎮め、ピシッと、けどやわらかに整えます。薄く伸ばせばナイトクリームとしても。Dr.ハウシュカ リバイタライジング マスク 30ml ￥6,160（インターナショナルコスメティックス） 4. しっとりうるおいが行き渡り、弾力も蘇るシートマスク。ストレスやダメージを受けた肌を保湿しながら鎮め、細やかなキメを取り戻させます。鎮静効果の高いツボクサをたっぷり配合。化粧水でしっかり保湿した後に使って。ongredients ツボクサ95%マスク ￥1,500（シーズマーケット） 5. アボカドやハチミツなど夏の疲れた肌に栄養を与える自然の成分がたっぷり。抗菌作用の強いマヌカハニー入りで、口周りのニキビや吹き出物が気になる方や脂性肌にも。マヌカハニーの甘い香り。アンティポディース マヌカハニー ライトディクリーム 60ml ￥ 6,820（川辺）

コスメだって衣替え。美しい秋肌作り

9/23頃

秋分

この日を境に夜の訪れが早くなる時期。空気もグッと秋らしく様変わりします。秋の装いが楽しくなる頃ですが、肌のイメチェンもこの前後がおすすめ。空気が乾燥し始め、ベースメイクも秋気分に変えたくなる頃です。オイルや美容成分たっぷりのアイテムを選びましょう。西洋占星術では、美意識を司る天秤座シーズンに突入。

1. ヘルシーな肌作りに欠かせないクリームファンデ。保湿成分で肌をしっとりと守りながら、くまやくすみ・色ムラをカバーし、自然な見た目の美しい肌に仕上げます。塗っていて乾燥を感じず、重たさもないのがポイント。rms beauty クリームファンデーション11 30ml ￥7,150（アルファネット）
2. 健康的なツヤを肌全体にもたらし、おしゃれなグロウスキンに仕上げてくれるベース。おでこや頬など骨の出た部分に使えばツヤと華やかさのある仕上がりに、まぶたなどに使うとニュアンスのある顔に仕上げます。しっかり保湿しながら肌をきれいに見せるベースメイクのレベルを上げるアイテム。rms beauty マスターラディアンスベース 15ml ￥4,400（アルファネット） 3. 美容成分がたっぷり詰まったバームのようなファンデーション。もちろん肌ストレスはナシ。伸びがよく、重ね塗りすると自然に、だけどしっかりカバーできとてもおすすめ。重ね塗りもしやすい。MiMC ミネラルクリーミーファンデーションSPF20 PA++（リフィル＆ケース）10g ￥7,150（MIMC） 4. スティックの中心に含まれたオイルでしっかり保湿しながら気になる部分をカバーできるコンシーラー。ファンデーションとしても。小鼻回りや頬の赤みに。yUKI TAKESHIMA BISOU（ビズゥ）エンハンシングスティック Emerald green（エメラルドグリーン）￥3,740 (LOOP blue.Inc)

濃厚クリーム美容で自分を満たす

11/7 頃

立冬

暦上ではこの頃から立春までが冬にあたります。冬は与える・満たす期間。冬場に美味しい鍋を食べるように、肌にも栄養補給を。カサカサと冷たい風が吹くこの時期は、たっぷり油分を含んだリッチなクリームで肌をいたわります。ここに載せたアイテムは、どれも満足感が高いもの。秋冬用にひとつ足すだけで、満ちたスキンケアができるはず。

1. もう出会ってからかれこれ10年以上経っているのに、このクリーム独特のもったりした重たさと、洗い流した後のハリや透明感を味わうたびに好きになります。たっぷりの油分、ハーブの力をダイレクトに感じられるマスク。くすみケアや肌活力の復活に。マルティナ 7ハーブマスク 100ml ¥6,600（おもちゃ箱） 2. しなやかでなめらか、伸びがよく、いい香り。25種類のハーブの力が結集してしっとりもちもちに。元気の足りない肌もお願い！と、どんとお任せしたくなる頼れる系クリーム。小じわにも。アムリターラ エイジソリューションクリーム 30g ¥10,890(アムリターラ) 3. 水分はたっぷり入れているはずなのに、カサついて、何かが足りない、乾燥した感じのある時に。寝る前に塗っておくと肌が美容成分を吸収し、もっちりしたハリやツヤを回復します。SHIGETA PARIS AW モイスチャーナイトマスク 50ml ¥ 6,600 (SHIGETA) 4. ファミュのアイテムはどれも魅力的ですがその中でも香り、テクスチャーともにゴージャス感が強めなご褒美系クリーム。肌にピタッと吸い付いて秋冬の乾燥した空気からも守ります。肌にバイタリティが欲しい時に。ファミュ アイディアルクリーム リッチ45g ¥ 12,980（アリエルトレーディング）

一年の締めに、冬至の柚子美容

12/22頃

冬至

冬至になぜ柚子を食べるか知っていますか？　柚子の強い香りが邪気払いになるといういわれや、融通（柚子）が利くようになるなんてユニークな話も。一年で一番夜が長く陰が極まるこの時期に、柚子の黄色が気持ちを明るくし、香りが身体を温めます。一年の最後のセルフケアに。

1. 冬にカサつきがちな指先にしっとりとうるおいをもたらしながら香りを楽しめるロールオン。指先のほか、リフレッシュしたい時にこめかみに使ったり、香りを嗅いでみたり。マッサージしながら使うとさらに気持ちよさを感じます。uka ネイルオイル 7：15 5ml ￥3,300（ウカトーキョーヘッドオフィス）　2. 透明感を上げたい時のスペシャルケアに。パウダー状の酵素洗顔が要らない角質をオフし、肌をキュッと締めるような洗い上がりに。柚子やお米から取れたセラミドが同時にモチッとしたうるおい感もプラスします。リンレン クリアパウダーウォッシュ ユズ＆ジンジャー 0.8g × 20包 ￥1,980（ビーバイ・イー）　3. 指先までじんわり温まるバスソルト。柚子をはじめ数種類の柑橘系の香りがブレンドされ、やわらかに浴室に広がる香りが楽しめます。肩こりやむくみなど身体の澱みが気になる時にも巡りを促進。市田商店 浴用バスソルト 京の天然 ばすそると 柚子の香り 700g ￥3,080（眠りの専門店 市田商店）　4. みずみずしくキュンとする柚子ブレンドの香りのボディソープは、寒い時期も明るく前向きな気持ちにさせてくれます。パッケージの黄色も可愛い。温泉水や米ぬかエキスなど日本の恵みも詰まってます。リンレン ボディソープ ユズ＆ジンジャー 400ml ￥1,078（ビーバイ・イー）

星の流れ

星の流れで風向きを知る

私が星占いを信じていて好きな理由は、人間から見て日常的に意識しにくい星の存在も、地球を思いっきり離れたところから眺めてみたとイメージすると、宇宙があり、その周りには星があり、地球もその中に存在するのだから影響があっても、物理的におかしくはないだろう、と思うところにあります。人間は自然の中に生きているから、星の流れもひとつの自然であり、環境と考える、そんな感じです。

オーガニックコスメと関わって、植物の育て方にも星の運行が考慮されて、農事のスケジュールが組まれると知った時、星の流れを天気予報のように使うやり方が画期的だと思いました。サーファーが波を感じて身体を合わせていくような、タイミングを計って波に入っていくようなイメージが浮かんで、星占いそのものを面白くてロマンチックな自然界の秘密のようにも感じました。

日々の暮らしを海に船を浮かべて進んでいくようなものだとすると、私たちが持っている意思は自分で描いた地図、星の流れは天気予報やその時の風向きのようです。叶えたいことややりたいことがあるなら、風向きを知っておいて損はないと思います。

そんなちょっと欲張りな考えから星のことを調べ、日々観察していると、その影響をとても感じます。たとえば、物事がスムーズにいくタイミングや、何か自分に大きな出来事があった時に星のチャートを見ると、「あぁ、なるほどね」と星が何かメッセージを持ってきているかのように見えるほどタイミングがリンクしています。

星占いを少し知ると、常に物事や時間は流れていて、「その時」の尊さがなんとなくわかります。自分の生年月日からできるチャートも、生まれた場所や時間を加えてよりパーソナルに見ると、同じ生年月日の人でもできる図が違うので、この世にひとつしかありません。

このパートでは日々感じやすい星の動きや、もっと大きな星から見た人生の流れについてお話しします。学校では教わらない、ちょっと面白い自然からの考え方をお楽しみ下さい。

日常生活に近く、意識しやすい月の動き

新月

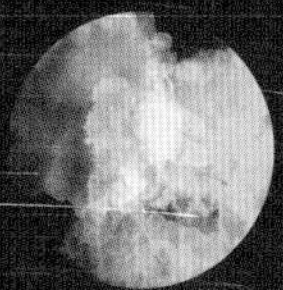

満月

月は約2日に一度のペースで星座を移動して、約28日かけて一周します。その間に新月や満月のタイミングがあるのですが、他の星に比べて地球への距離が近いために、日々の暮らしや感情面、人々の大衆的な心の動きなど最も身近でわかりやすい部分に影響を与えると言われています。女性の月経周期と同じサイクルであることや、肌のターンオーバーとも似た周期であることから、身体や心のリズムへの影響も伝えられています。今日はちょっとイライラしたな、とか今日はスムーズだったなんて自分でも感じやすいレベルで月の影響が表れることが多いです。

　新月や満月は、月の動きの節目やターニングポイント。新月で始まり、満月で実る。また新月に向けてエネルギーが下がり、新月でゼロになり、再び満月へ向けて、満ちていく。というサイクルを繰り返していきます。このことから新月では何かをスタートさせる自発的な動きを、満月では新月に蒔いた種の結果を受け取るタイミングとして考え、満ちたエネルギーを活かすことをおすすめしています。

水星逆行

ここ数年で影響を感じる人が増えた気がする水星逆行。年に2〜3回、多い時は4回ほど起こる星の流れです。コミュニケーションや交通、言葉などを司る水星が、他の星とのバランスを取るために動きを止め、私たち人間には行き違いやコミュニケーションのズレ、交通、メッセージのやりとりの遅延などの影響をもたらします。

個人的な経験から言うと、この時は無理にやりとりを進めようとしたり、決断しすぎたりすることを避けて、過去にできなかったことをやってみたり、久しぶりの人との交流を楽しんだりなど、ちょっとハイウェイから降りてパーキングエリアでお茶でも飲むか、みたいな気持ちで過ごすようにしています。物事が遅れて予定が立てづらい時期なので、逆行前に予定は組んでおくとか（それも変更になることが多いのですが）、もし予定が変わったとしても「逆行だからか」とサッと気持ちを切り替えると楽。数字や集合場所、スケジュールの確認は重ねてしておくとよいです。ただ、間違える時は間違えるし、間違えられることもこの時期はデフォルト。あら〜と流す心の余裕も大切です。一方で、昔行ったところをまた訪れてみたり、懐かしい人とばったり会ったり、「過去の自分と再会する」ような出来事はいい振り返りの機会に。かつて買いたかったものをオンラインで再度見つけて買うことも経験しました。

「そんな時なのか〜」くらいの気持ちで急がず焦らず、足踏みの時期を楽しむ目で日々を観察すると新たな発見やできることも多いものです。日常に追われ、やろうと思っていたけどできていなかったことをこの逆再生の流れに乗ってトライするには、とてもいい時期です。

星から見た人生のシーズン
年齢域

人生という大きい枠で見た時に、「年齢域」という考え方が星占いにはあります。人によって少しずつ訪れる時期に差はあるものの、人生のざっくりした流れとして使えます。ちなみに私は海外でオーガニックコスメに出会ったのが価値観を変えられる出来事が起こりやすい20~21歳前後、太陽の年齢域期間の33歳で独立して、本を出しました。太陽期は自分から輝くことが大切な時ですが、それに合わせその25歳くらいで何か自分で始めることを意識する人も多いです。もちろん、出方は人によって違うし正解はありません。この年齢でなければいけない、ということでもなく、星的にはこんな流れの考え方もあるんだよ、と参考になれば嬉しいです。

占星術は古い知識で、人生１００年時代と言われている現在、左の表通りにぴったりいくようなものではないかもしれませんが、今の流れと古い知識をミックスして、その時期の過ごし方にうまく取り入れられたらいいなと思います。

0-7歳頃　月の年齢域 ………………… 無意識の段階。母親のエネルギーが7歳まで残るという説も。日々繰り返す日常の中で感情の基礎ができる。安心感が大事。

8-15歳頃　水星の年齢域 ………… 好奇心の時期。知性を働かせ、他者とのコミュニケーションを通し、色々な知的体験をする。自分を知る。

16-24歳頃　金星の年齢域 ………… 恋愛やおしゃれや好きなものを味わう。感性を磨く時期なので色々な感情を経験するのが個人的にはおすすめ。憧れやおしゃれしたい気持ちなども非常に大切な感情。色々と傷つきながらも成長する。周りの大人から可愛がられる。

21歳前後…自分の可能性を広げ、価値観を一新するような出来事が起こりやすい。

25-35歳頃　太陽の年齢域 ………… 自分のステージを見つける。自分から主体性を持ち輝こうとするのが大切。
自分の目的や方向性を見つける。すぐに目標が定まらなくても焦らなくてよし。
好きなことや興味のあることを続けるのが大切。30歳前後のサターンリターンで太陽の力が強まることも多い。

サターンリターン…28～31歳頃に自分のあり方に気づく、または自分を固めるような出来事が起こりやすい。

36-45歳頃　火星の年齢域 ………… これまで培ったものを社会に打ち出そうとする時期。俗に言う働き盛りにあたる時。自分からアクションを起こしてエネルギーをいい方向に使う。

ミッドライフ・クライシス… 40歳前後　今までのやり方に違和感を覚え、人生を見つめ直す時期。何か向き合うことがあれば、リニューアルする気持ちで臨む。

46-55歳頃　木星の年齢域 ………… 経験のある年長者としての余裕。伸び伸びとしたいい感じのゆるさを持つ。この人がいると安心すると下の世代から慕われることも。

56-65歳頃　土星の年齢域 ………… かしの木おじさん的賢者の立ち位置。経験からの知恵や賢さを与える。

66-84歳頃　天王星の年齢域 ……… 社会の枠から外れて、改めて自分を生きようとする時。

その後85歳頃－　海王星の年齢域 ……… 集合意識と結びつきやすいと言われている。

死期　冥王星の年齢域 ……… 死、そして再生の時。

※天王星以降、人によって各年齢域の始まる時期にばらつきが多く見られる傾向。

人生の流れ

Get on the flow

流れって、すごいんです

何かやりたいことがあって、やれる状況が向こうからやってきた時、「怖いな」とか「うまくいかなかったらどうしよう」という自分の気持ちでその流れを止めないようにしています。怖いから、という理由だけで機会を逃すと、自分でブレーキをかけたことが心に残ってしまう。すごく望んでいても流れが来ない場合もあるから、状況が用意された、ということは「行ってみたら？」のサインだと思ってとりあえず始めてみます。

今思うとPRの仕事も、望んでいない時に向こうからやってきたものでした。当時、ショップスタッフだった私が「PRの仕事をやってみない？」と話をもらった時、正直向いてないのではないか、もしかしたら上の人は焦って自分を選んでいるのではないかと迷いました。私をよく知る友達5人くらいに相談すると、全員「やってみたら？」と背中を押してくれたのですが、その中の一人が「向こうから来るものって、実は心のどこかで自分が望んでいたものかもしれないよ」と言いました。ユニークな解釈だ……と思いながらも、ちょっと面白く感じそれに乗ってみたい気持ちになりました。

チャレンジや変化は一瞬怖いけれど、違っていたら戻ろう、くらいの軽い気持ちで漕ぎ出してみるといいと大人になった今は思います。どうなるかわからなくても、ボートで漕ぎ出すと水面に流れができて、後追いされるあの感じ。

Go

モノを作ろうとする時や旅に出る時も、進もうとしている方向やタイミング、自分の思いが間違っていなければ、必要な要素がやってくるように思います。この本を作る時にも一人一人と絶妙なタイミングで出会い、旅の場合も同じく、情報をくれる人、行った先で助けてくれる人、など必要な人たちが、引き寄せられるように集まってくる。だから怖くても、流れが来てるなら、ちょっと漕ぎ出してみるんです。

明らかに「これは違うな」と感じる時を除いてとりあえず流れに任せてみたら、必要な出来事に辿り着いた、なんていう経験が皆さんにもあるんじゃないでしょうか。

どこかに力が入っていた時期は、流れに任せるって無責任に感じることもあったけれど、自分でコントロールできることばかりじゃないし、それがいいこととは限らない。やっぱり「流れ」ってすごいんです。

Like surfing

やわらかく、流れるように

2020年から大きく状況が変わり、その中で私が身につけざるを得なかったのが、ずばり「バランス」や「流れに身を任せること」でした。

今すぐ動けない事情や制限がある時は諦めない気持ちを保ちつつも、自分の波が来るのをじっと待つ。たとえるなら海に浮かぶサーファーのような気持ち。やりたいことや叶えたい未来への準備をし、時を待つ。今はダメだな、と思う時は、一年後をイメージする。そんな風にして、あの揺らいだ時期を保っていました。

機が来るまでは、自分ができることはやっておきつつも、今芽が出ないこと、時間がかかること、思った通りに進まないことなど、自分でコントロールできないことを受け容れるような感じ。そして「この花はこのプロセスで育てるんだ！」と計画を立てすぎずに、心に余白を残すことや、予定が崩れたらサッと気持ちを切り替えること。この時期に学んだのは、しなやかな気持ちと「柔軟性」だったように思います。きっと皆さんそうなんじゃないかな。この変化が訪れる前よりも、今はなんだかやわらかく生きているような感じ。やわらかさがあるから、新しいアイデアも浮かぶんだと思います。ちょっと前までは、どんどんプラスするのがいいような頑張ればどうにかなったような、「頑張り」という名の緊張を気づかないうちにしていた時代だった気がするけれど、なんとなく今は違う。もっとやわらかい気分で、今日の波に乗って、また1日を生きること。すべてが思った通りじゃないかもしれないけど、その中で本当に必要なことはできる気がする。そんなやわらかさを持ちたいなと思っています。

Flow

立ち止まって見えてくるもの

What you can see when you stop

今年の春、今までにないレベルで肌が2ヶ月間炎症するという経験をしました。忙しさや気候など色んな要因が重なり起こったのですが、口の周りが赤く腫れ、紫外線を少し浴びただけでブツブツが毎日増えていく。撮影のある仕事はしたくてもできない。自分の身体に何が起きているのかわからないまま、見たことのない肌をした自分に気持ちが焦り、心配になる毎日でした。本当に治るのか不安で、鏡を見るたびに「治るのかな？　大丈夫なのかな？」と心配しすぎて元気が出ない＝ストレスで治りが遅くなる、というよくないサイクルに。その時一番支えになっていたのは、親しい人達の言葉でした。気の置けない友達に会うたびに、「治るかな?」「治るよ」というやりとりを何回もしてもらい、自分に言い聞かせ、周りの人にちゃんと甘えて「大丈夫」と言ってもらううちに、そう信じられる気持ちを取り戻していきました。

心の状態に直結する肌が傷つくことはとても辛かったけれど、こういう時だから初めて見えてきたこともあります。普段の顔を出すお仕事がとても好きで、できないとどれだけ悔しいか。こうならないように優先順位を見直し、どんなスケジュールが合っているのか。バランスを考え、自分の抱えるものの中身を総入れ替えするようなことが起きました。

Stop

できなくなった仕事もたくさんあったから時間ができて、元気のない時でも会える友達とただ会ったり、アイスクリームを食べたり、「ただ過ごす」ことをたくさんしました。この時ちゃんと人に頼ってよかった。立ち止まると、ただ走っている時より、色んなものがちゃんと見えて、外に向かう自分と内側の自分とのバランスが取れた気がします。

ここぞと言う時に頼れる先生にも出会えたし、治った時に今までとは違う喜びを感じました。……って、今書いてみて、なんて収穫が多い時期なんでしょうか。もちろん渦中はそんな風に思えませんでした。でも、辛い時は実りが多いのは本当です。

この時期は、「時間がかかる」ことについても考えさせられました。

普段の生活だと、早くできる、すぐ答えを出すことに慣れていて、時間がかかることをいつのまにか受け容れづらくなっていたのかもしれません。相手が「肌」だから治すには、ターンオーバーの時間がかかる。時間は「自然」であり「必要」なもの。そしてその時間がかかることにも意味があり、かかった時間は必要なものであり、その時の気持ちが大切。

こんな風に、止まることで見えてくるものがたくさん人生には落ちているんだなと思わされたし、自分にとって「肌」という、大きな存在を通して教えられた経験でした。

Live politely

番狂わせはあとのお楽しみ

Trick

人生のターニングポイントは振り返ると一見悪く思える出来事が実は後押しになっていたことが多いです。オーガニックコスメとの出会いも独立も、その後も、節目に起きたことはいつも、予想もしないタイミングで始まり、その先に何が待っているか全然わからないまま進むことばかり。なじんだものを失って新しいものを得たり、想像できる道筋を逸れて進むことも多いけれど、それがどう転ぶかは時が経つと見えてきます。

実は1冊目の本、『今より全部良くなりたい』は別の出版社から出す予定でした。だけど、最初に話をしていた編集者さんが、私の本の話が決まったと同時に昇進。「今すぐに取りかかれないかもしれないから、他のところに話を持っていってもいいよ」と言ってくれました。私はそうか……と思いつつも、とてもお世話になった彼女の仕事を応援してあげたいと気持ちを切り替え、本の話はそのまま宙に浮いた状態になっていました。

そんな時、私のSNSにも登場している編集Dさんと話す機会がありました。本当は仕事の話をしなければいけなかったのですが、その日の気分で世間話を始めたら、なんだかすごく楽しかったのです。楽しくなった勢いで自分の本のことを思い出し、「本を出す時って、誰に言えばいいんですかね？」と軽く聞きました。その時は「聞いておきます！」くらいのお返事だったのですが、その後LINEで「僕に持ってきてくれて嬉しかったです。ありがとうございます！」とメッセージをくれました。なんていいやつなんだ、この人は。感激しました。

仕事が増えるのに、こんな風にポジティブに受け止める人っているんだ！　と思うと同時に、「この人となら、楽しくやれる感じがする」と直感的に思いました。結果、本当に楽しかったし、今でもすごくお世話になっています。

あの時、色んなピースがハマらなければ、きっと今の自分はないのです。楽しい気持ちになったついでに思い出して、よかった!!　やるべき人とやるべきタイミングで、ちゃんとそうなれたことに感謝しています。

こんな風に色々な流れは、後から考えるとちゃんと必要だから起こっていて、一見番狂わせに思えること、予期していなかった流れでも、後追いでスパイスのように効いてくるのを何度も経験しました。時にはもっと悲しみを伴うものや、痛みのある経験もあったけど、そんな時ほどプラスに転じた時のリターンはすごい。

そう思うと、自分が想像できる範囲なんて本当は少なくて、長い目で見ることと、先を信じる気持ちを保ちつつ、その時その時をちゃんと生きていくことの方が大切なのかもしれません。

本来あるべき流れに自分を合わせる

ココ一番系エッセンス

フラワーエッセンスの中で、とてもユニークでパワフルな一品がこの「グラガ」です。きのこから作られたこのエッセンスは、別名「人生の脱皮」と呼ばれ、その人に必要な「変容」をサポートすると言われています。それだけ聞くと何かを失う感じがしてちょっと怖い気がしますが、自分の生活や人間関係など〝流れ〟がしっくり来ない時や、本来のあり方から自分がずれていると思う時などに、無駄なものを脱ぎ捨て(←ここ重要)本来あるべき自分の流れに合わせてくれるような、そんなエッセンスです。バグを修正してOSをアップデートする感じ。いい意味で、「流れ」を変えるんです。人に何かしら必要な変化をもたらすエッセンスなので、「今だ」と思う時に摂るのがおすすめ。

私自身は人間関係や毎日がしっくり来ない時や、「そっちじゃないんだよな〜」な時のピークに、「今、変えなきゃ！」と感じて取り入れることが多いです。居場所や相手など外側を変えるようなこともあれば、自分自身のマインドを変えるような内面的な変化をもたらすこともあり、その「変容」の起こり方はその時、その人によって様々です。でも毎回、取り入れた後は向かうべき方向に向かっている、今必要な流れに沿っている、という感覚に。思い切って何かを変えてみると余分なものが取れて状況がよくなった、なんて経験が皆さんにもありませんか？　今、私はいるべきところにいる、やるべきことに取り組めているという感覚は元気になるし、人に活力を与えてくれます。

これを読んで少し気になったら覚えておいて、いざ、今だ！　という時に使ってみてください。きっと軽やかに、でも泳ぎやすい流れに身を任せられるはず。

ヒマラヤン フラワー エンハンサーズ グラガ 15ml ¥3,456（ネイチャーワールド）

Good things come to those who wait.

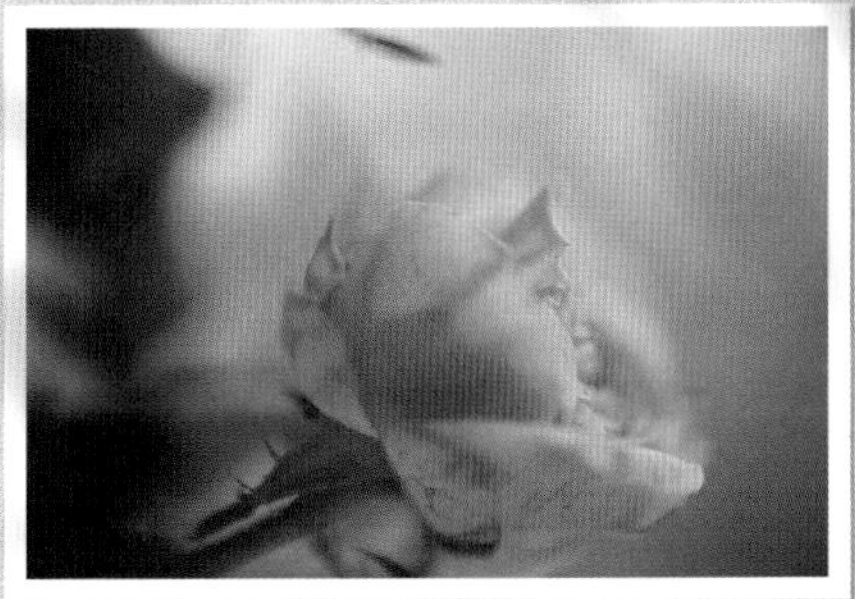

4. 自分を愛する生活

index.

The main thing in life is to know your own mind.

——Snufkin

4.Love yourself ——Body

自分のからだと仲良くしよう

美容で一番好きなのは、実はボディケア。
身体は嘘をつかないし、
頭で考えたことではない「体感」があり、
手をかけた分、手応えがあるのも嬉しい。

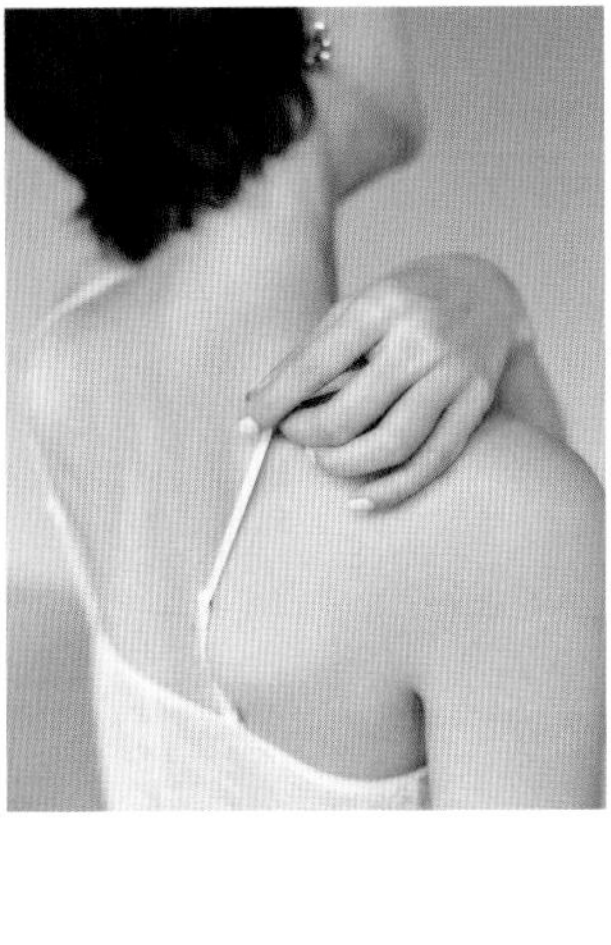

ボディケアは自分をよく知り、
ケアの仕方も年を重ねる度にグレードアップ
できる、永遠の楽しい課題です。

生理の波乗りできていますか

約1ヶ月の間に起こる、排卵や生理のサイクル。
しっかり向き合ってみると自分のことがわかって、
とても楽に感じるようになりました。心身の波を見極めて、
自分に合った方法でうまく乗りこなし、快適に過ごしましょう。

A 生理中

無理をしないで身体の声を優先

デトックスのための大切な期間と捉えて、無理をせず過ごします。p144の「生理を楽にするアイテム」も参考に、下半身を温め、不要なストレスを避けてしっかり身体を休める時期にします。

B 生理後〜排卵日まで

約1週間

少し活動的になる時

生理も終わってすっきり。比較的肌の調子もいい時。積極的に出かけたり、人との交流も楽しんだりしながら、しっかり睡眠も取ります。

波乗りのコツ 01 スケジューリングが命

まずは、自分の生理のリズムを把握しておくこと。アプリなどでも生理日、排卵日、生理周期を簡単に管理することができます。生理直前や期間中はなるべくハードな予定は控え、生理後に大切な予定を入れるなどできる範囲で微調整を。

波乗りのコツ 02 スケジュールと、自分の気分や体調を照らし合わせる

だいたいスケジュールを把握したら、体調や食欲、おりものの状態などを観察するような意識を持って日々を過ごします。食べたくなるものや身体のむくみ具合、性欲や肌の調子など、心と身体をじっくり見ていると自分の「クセ」がわかるようになるかも。

C

排卵後～生理まで

約2週間

ここが勝負·大事な準備期間

排卵日を境に黄体ホルモンが増え、身体が生理に向けてゆっくり準備を始めます。食欲が増して、むくみやすくなる場合も。香りのアイテムなどをうまく使い、心身に負担がかからないよう自分に合った方法を見つけて工夫を。肌荒れや食欲の増加も流れの一部として最低限のケアを。しっかりお風呂に浸かってよく眠ります。

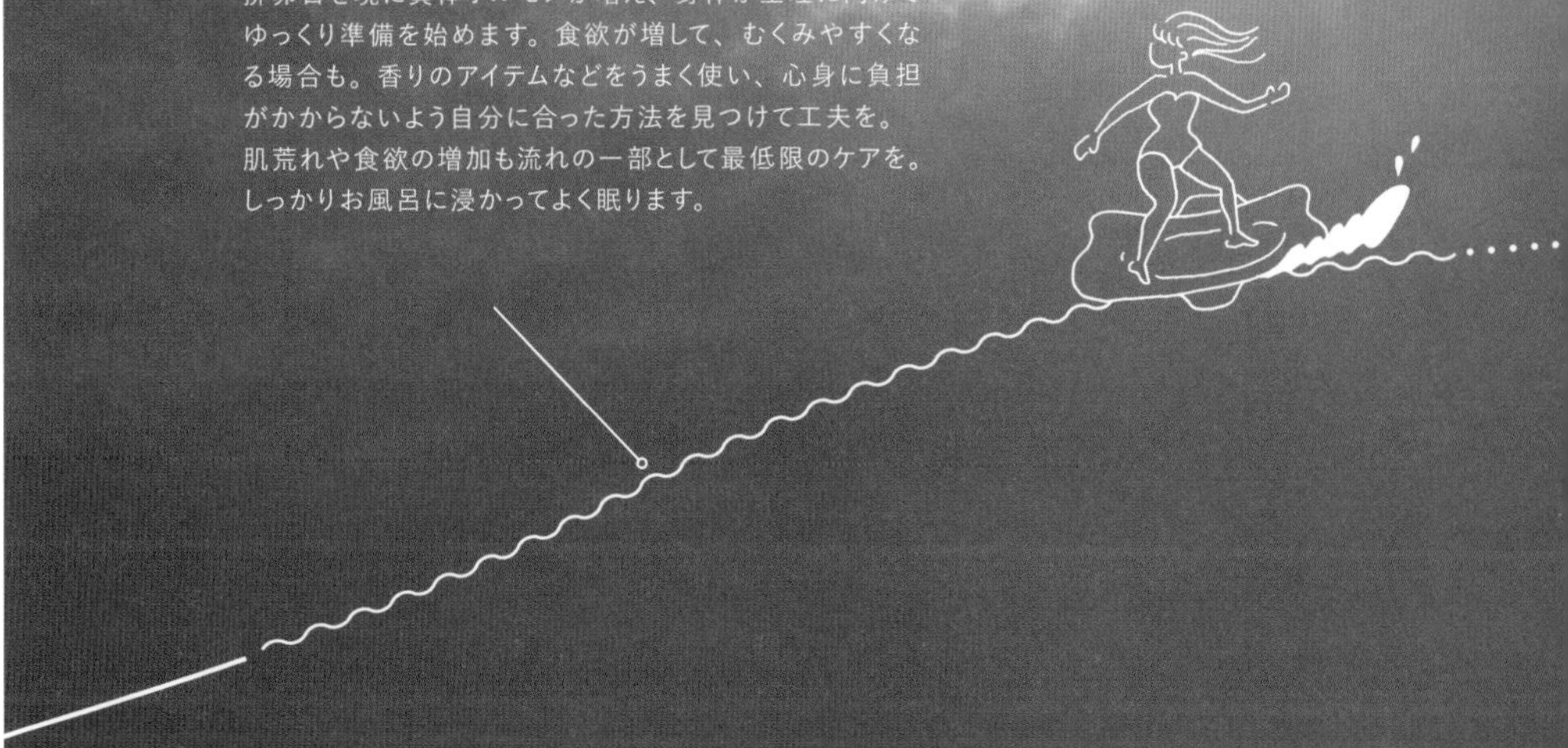

波乗りのコツ 04 日々のデリケートゾーンケアで意識を高める

普段からデリケートゾーンケアをすることによって、自分のリズムや変化に気づきやすくなったり、生理そのものとも仲良くなれたりするかも？　きっと女性としての身体を受け容れることにもつながります。未来の自分への投資にきっとなるはず。

波乗りのコツ 03 変だなと思ったら放っておかないで

生理周期や気持ちの波が乱れるなど自分で「変かな」と気になったら、必要な時は病院へ行ったりストレスを減らしたりするよう心がけましょう。「見て見ぬふり」や放置はしないこと。自分で自分のことがわかっているだけでも安心感が違います。

Items during menstruation

生理を楽にするアイテム

生理期間を楽に、穏やかに過ごすために
知っておいてほしいお役立ちアイテム。

no 1

香りの効能で ピリつきを和らげる

生理中、生理前の重さやだるさに。女性ホルモンを整えるクラリセージやネロリの調和した香りは、気持ちのピリピリを和らげてくれます。マスクの外側にスプレーして軽く揉み込むのもおすすめ。

ザ パブリック オーガニック クオリティスリープ 睡眠ピローミスト 60ml ￥3,080（カラーズ）

no 3

心身の波はさざ波に調整

PMSでのイライラやホルモンによる気持ちの揺れは受けることの多い質問のひとつ。そんな時に心強いのがフラワーエッセンス。心身に深く穏やかな安定感をくれる「ウーマン」はどの年代の方にもとてもおすすめなもの。心身ともにバランスの取れた状態に。

オーストラリアンブッシュフラワーエッセンス ウーマン 30ml ￥3,564（ネイチャーワールド）

no 5

ここでも出てくるクレイの力

生理の1、2日目にお腹のハリや痛みがある時に活躍するのがまさかのクレイです。下腹部の子宮のあたりに塗り、キッチンペーパーで押さえておくだけ。クレイの熱さましの効果で余分な熱が取れ、スーッと楽になる感覚に。p94のクレイのページもぜひご参考に。

アルジタル グリーンクレイペースト 250ml ￥3,960（石澤研究所）

no 2

ニオイはアロマで カバーする

生理でもそうでない時も、デリケートゾーンのニオイが気になる方に。ナプキンに軽くスプレーをしたり、コットンにかけて拭き取ったりするなどの活用法も。アロマの香りで爽快感が広がります。

アロマセラピーカンパニー フェミニンリフレッシュ（スプレー）60ml ￥2,585（コスメキッチン）

no 4

デリケートゾーンは すっきり·さっぱり

デリケートゾーンを最も快適にしたくなる生理中。夏でも冬でもさっぱり清潔に。生理中で敏感になった肌をやさしくクリーミーな泡で洗い上げるハイジーンウォッシュ。フォームタイプで使いやすく、この一本で半年もつんだとか。

YES インティメイト フォームウォッシュ ローズ 150ml ￥2,640（アジュマ）

1
THE PUBLIC ORGANIC
QUALITY SLEEP
NEROLI & CLARY SAGE
ORGANIC | URBAN | HOLISTIC
ARGILTUBO
green Clay mask
ready to use - for face and body
100% NATURAL
Natural Cosmetics
Preservatives Free
ARGITAL
Dott. G. Ferraro
BIO
2
3
AUSTRALIAN
BUSH FLOWER
ESSENCES
Woman
Essence
30mL
GUARANTEED
PURE & NATURAL
150ml 5.1fl oz

自分のこころと仲良くしよう

4.Love yourself —— Heart

目に見えない心のケアは、
タイミングや環境によっても向き合い方が変わるもの。
コスメなど「物」は最終的にそのサポートをしてくれます。

自分の経験や感じた気持ちは
それがどんなものでも
その人にしかない大切なもの。

フラワーエッセンス

自分を愛する心のケアは花の力を借りちゃいます

花のエネルギーを水に転写して作られるフラワーエッセンスは、飲む人の感情に働きかけ、気持ちや行動に変化をもたらす昔からの自然療法のひとつ。元気のない時に花や自然に触れると力を取り戻すように、メンタル、エモーショナルなケアに力を発揮します。こんな自分になりたい、こういうことを解決したい、ということをイメージして飲むと、変化を感じやすいのも特徴。ここでは、「自分を愛する」をテーマに、自分自身とうまく付き合い、エネルギーに満ちた日々を送れるものをセレクトしました。

取り入れ方……舌に垂らして飲むか、お風呂などに数滴垂らします。

①

自分と人に やさしさをもたらす

気持ちに余裕がない時も、やさしい気持ちを取り戻させて、ホッとする感覚に。カップルのコミュニケーションにも効果的。親密さを高めます。

パワーオブフラワーヒーリングエッセンス インティマシーブレンド 30ml ¥3,888（ネイチャーワールド）

②

官能性を高め 触れ合いをより楽しむ

身体の触れ合いに関するエッセンス。肉体的にも精神的にも感受性を高め、性的な結びつきをより深く、また繊細にするサポートに。ミトゥナ像のパッケージもユニーク。

ヒマラヤンフラワーエンハンサーズ タントリックナイトフォーウーマン 15ml ¥3,456（ネイチャーワールド）

⑤

女性の心身の変化に一生仲良く寄り添う

女性の身体の変化による心身の揺れ（PMS·生理·妊娠·出産·子育て·更年期）にとても役に立つエッセンスです。気持ちの浮き沈みやイライラにも効果的。気持ちにも余裕が出ます。人生のあらゆるシーンに。

オーストラリアンブッシュフラワーエッセンス ウーマン 30ml ￥3,564（ネイチャーワールド）

④

自分の「性」を楽しみ魅力を開く

自分の「性」を楽しむ気持ちが高まり、おしゃれをしたくなったり、恋や出会いを楽しむ出来事が起こったりする人も。飲むと、元気になる感覚に。自分の魅力をうまく解放できない方にもおすすめ。

オーストラリアンブッシュフラワーエッセンス セクシュアリティ 30ml ￥3,564（ネイチャーワールド）

③

自分を癒やし、心を開く手助けに

過去の傷や出来事で受けた感情を癒やし、ハートを開いたコミュニケーションができるようになります。結果、自分自身や人に素直になる、恋愛しやすくなるなど、人間関係でのコミュニケーションに効果が。

パシフィックエッセンス ハートスピリットエッセンス 25ml ￥3,672（ネイチャーワールド）

ランジェリークには、女性の身体の美しさを引き出す哲学とモノに対する想いが込められている。
1. TERRACE LIYHA110 biscuit ¥10,450, LIYB310 ¥10,450,LIYH110 ¥4,950　2. ROCKING CHAIRS LIRA110 terracotta ¥12,100, LIRH112 terracotta ¥7,150　3. ADRIENNE LINA710 pink ¥10,450, LINH510 pink ¥6,600　4. TIN FOIL ANGELS LIRA115 black ¥20,900, LIRH215 black ¥12,100

ランジェリー

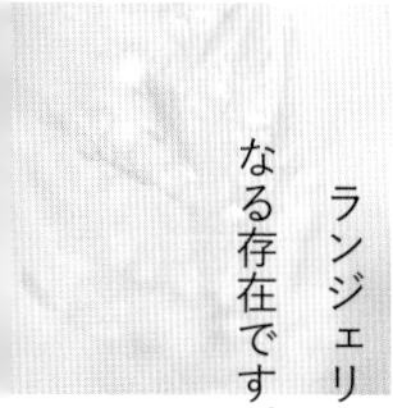

自分のからだを慈しむランジェリー

昔から好きだった美しいランジェリー。自分の気持ちを上げるためにつけるところが、アクセサリーやメイクにも似た、日常に楽しみをくれる存在です。肌に直接身につける点で、コスメに通ずるものも感じます。何より、自分自身の美意識に火をつけてくれます。

美しいと思うランジェリーをつけていると、自然と気持ちが引き締まり、自分の身体にも興味が出てボディケアを丁寧にするようになったり、身体の色んな変化に気づくようになるなど自分と向き合うきっかけに。ランジェリー自体、自分とごく親しい人にしか見せないものだから、それ独特の秘めたパワーも感じます。年齢を重ねることで、似合う色やデザインが変わってくるのもまた楽しみどころ。そうやって今の自分を客観的に見る材料にもなるのかもしれません。

クローゼットや引き出しの中を整理すると、外からは見えなくても部屋の空気がシャキッと変わるように、人から見えないランジェリーも美しく、自分の好きなものを身につけると、その人の空気感に滲み出すような気がしています。

ランジェリーは美容、そして自分を知り追求することのきっかけになる存在です。

#敦子ラム

atsucolumn —— #01 About love yourself

“行きたいと思っているなら、行くことにしたら？”

01

p133に書いた肌荒れで心も弱くなっていた時、私はある病院に行こうかどうか迷っていました。まだまだ忙しいけれどその先生のところに一度は行っておきたい。でも遠い場所にあるから、どうしよう。道中、紫外線を浴びて炎症がひどくなるかもしれない。それは避けたいから、行くのには車の方がいい。

そんなことをごちゃごちゃ考えている時に、友人が車で送っていってあげるよと言ってくれました。

その先生はむやみやたらに薬を処方したりしない人で、行っても薬なしで帰されることもあるかもしれない。今の時点で、すぐにいい結果が出るとは限らない。なのに遠いところまで連れていってもらうのがなんだか友人に悪いし、着いたらきっと待たせることになる。

弱っていたので、何を優先していいかわからなくて、ぐるぐると考えてしまい、

「すごくありがたいんだけど、そういう理由で今行こうかどうか迷っているんだよね」

とメッセージで伝えました。そうすると、

「行きたいと思っているなら、行くことにしたら？」

とびっくりするくらいシンプルな答えが返ってきました。

ごちゃごちゃ考えた頭にはその言葉がシンプルすぎて、画面を二度見したくらい。

「行きたいと思っているなら、行くことにしたら？」って、すごくいい言葉だと思いました。

それをしたらどうなるか、なんのためにやるのか、タイミングは今でいいのか。自分だけに起きていることだから、同じ状況でも人によって答えは違うし、ググっても正解は出てこない。調べればすぐに色々な情報が得られる今は、どうしても先に結果を知りたくなるけれど、それがわからない時もある。

そういう時に一番大事にするのは自分の気持ちなんだ。

自分の思いを尊重して、行きたいと思っているなら、行くことにしよう。

今でも自分の指針になっている言葉のひとつです。

02

今までのことを色々と思い出してみて、一番自分の力を奪うと感じる行動は「自分で自分のことをダメだと思った時」。人間関係だったり、仕事だったりきっかけはその時々なのですが、思うような結果にならなかった時、その経験をした自分はなんかダメ、と感じている時が、他の人から否定されるよりもダメージが大きく、立ち直るのも難しい。それが実は、自分で自分の心にかけている魔法だからです。

そういう時は周りの人に救われるし、何が大切なのかも見える時。結局はすべてが変化し

“自分の思いで
自分を傷つけない”

atsucolumn ―― #02 About love yourself

時間が解決することもある。そんな時私は日々の生活で温活をして、ちゃんと寝て、人に話を聞いてもらいます。

「今こういうことがあって、自分はこう感じているんだけど」と話せる人のところに行き言葉にすると、自分の思い込みも取れて、ある日、落ち込んでいた気持ちが蒸気みたいに出ていく時もある。回復にかかる時間は、その時々だけれど。


2ヶ月の肌荒れ期に学んだことでもあるのですが、自分が困難な時、一番のチャレンジは、そんな期間にも自分自身をどこかで「大丈夫」と信じていられる強さを持つこと。

肌荒れは目に見えるからわかりやすい例でした。どうしても「今治ってない」ことにフォーカスし不安定になっていたけれど、ふと「こうやって心配すること自体が、自分の中で自分を傷つけているかも」と気づき、これはきっと、他の場面でも私がしているクセなんだ。自分の思うことで不安になるのはやめようと思いました。


大変な時に一番難しくて、最も力になるチャレンジは、自分と、その先を信じること。きっと自分を信じるって、自分の一番の味方になることです。

大切な人が大変な時期も同じようにしてあげたい。〇〇だからできる、なんて理由も本当はなくていいから、ただ信じること。それが自分への愛でもあり、再生への薬です。

#03

今私は37歳で、人生の中間頃にいるような感覚です。20代の時に見たかっこいい大人や周りにいる素敵な人たちの姿から学ぶのは、「素直」の力。素直というシンプルさが、その人を一番太く支える柱になっているのかもと思います。傷つかないように……と壁を作ると大切なものが見えなくなって自分の思いを優先できなくなってしまうけれど、私が見てきた素敵な人たちは、自分の思いに正直で、知らないものにもオープン。フィットするものに出会った時、素直だと変化も早い。ある人は、すすめたフラワーエッセンスを飲んで即昇進したくらい、自動販売機で飲み物を買う時みたいに、ボタンを押したらガコン！の早さで何かが出てくる。自分に嘘がないから、必要なものを引き寄せる力も強くなるのかも。

自分自身も未知のものにオープンでいたいと思いつつ、つい「きっとこれってこうなるだろうな」と大人ぶって先入観のカーテンを通してものを見ることがあるので、何も考えず気になるものにただ、「飛び込んでみる純粋さを忘れずにいたいです。

最近それを思い出させてくれたのは、お仕事で出会った黒のマニキュア。「こういう色はこう見えるんじゃないかな……」という予想を裏切り、つけてみたら一番新鮮で大人の自分にしっくり来て、似合っていました。その時、その時で結果はすべて違うもの。いつも新しい気持ちでいることの大切さを思い出させてくれました。

"素直という柱"

"私の根っこ お母さん"

#04

私の母は人に合わせるタイプの女性で、私とは逆の性格。でもたまに切れ味のあるシャープなことを突然言うところが面白い人です。思春期の頃何かを相談したら、急に「あんたはカミソリみたいな女なのよ」と言い出し「どういう意味？」と聞いたら、「鋭いけど、脆《もろ》いのよ」と言ったりして、結構コピーライター力があるんじゃないかと実は思っています。大事な時に、格言めいたことを言うんです。

幼い頃「お父さんとなぜ結婚したの？」と聞いた時は「タイミングとモチベーションよ」とひとことで言い、公園でBB弾を探す遊びが流行り、私だけ見つからないと泣いたら「ない、と思うからないのよ。〝ある〟と思えばある。目を皿のようにして探しなさい」と哲学を込めたことを言ってくるのでそれは幼い私に刻み込まれました。他にも「ご飯を全部食べなさい」とは言われないかわりに「料理は最初に〝目〟で食べるのよ」という美意識や、「無理せず、美味しいと思うところでやめなさい」と引き際についての美学のような言葉など……。思い出すとキリがないくらい色んな言葉をもらい、育ちました。

そんな母も、ついに身体が弱ってきてしまいました。それを知った瞬間に思ったことは、いつか母を失うかもしれない、ということと、自分の中に母のエッセンスはどのくらいあるだろう、ということでした。多分、いなくなってしまうかもと思った時、それでも大丈夫なように、自分の中にずっと母親が生き続けるように、どのくらい母のエッセンスが刻まれているかを自分で確認したくなったのかもしれません。ある種の覚悟のようなものだったけれど、母から刻まれた言葉をたくさん思い出してすぐに「大丈夫。自分の中にはお母さんがしっかり根付いている」と思えたし、それが自分にとって大きな救いになりました。

病気になった時、母に「今、どんな気持ち?」と聞いたら、「来るべき時が来たって感じね」とまた悟ったようなことを言っており、私はそんな母のジタバタしない態度を非常にかっこいいと感じてしまいました。母は、ありがたいことに今も生きています。きっといつかは別れの日が来てしまうけど、それまでにまたシャープな発言もたくさん聞きたいし、いつかはわからないその日が来ても、母からもらったものは自分に刻まれていて、しっかりこれからの自分を守ってくれる!

そう確信しています。

05

私は、独立するまでコスメキッチンで約14年働きました。気軽なアルバイトから始まり、ショップスタッフ、PRを経験後、独立。在籍中は今ほどオーガニックコスメのブランドが日本にない時代で、たくさんのブランド創始者の考えや、コスメやお客さんにも触れることができました。今でもお世話になっている占い師のジョニー楓さんや、困った時に電話したくなる大事な友達にも出会えて、毎日お洒落や美容が好きな女の子たちと過ごし、あっという間の20~30代でした。

〝自分で立つとき、
立ったあと〟

そんな自分にも、思ってもみないタイミングで、独立という転機がやってきました。もちろん最初は怖く、好きな仕事だったからこそ手放すには少し勇気が要ったのと、「これでよかった」と思える理由が必要でした。その時に自分の中で決めたことは仕事を「①収入、②時間、③内容」の3つのカテゴリーに分けて考え、違うステージに行くならその内訳を「①今より充実、②今より自由、③今より楽しい」にすること。この3つのルールを胸に、最初の1年半ほどは立ち止まる余裕もなく突っ走りました。この時は私自身が「今より全部良くなりたい」と思ってたんですね（笑）。自分にとってわかりやすくて、かつ幸せになるルールだったから決めてよかったと思います。

独立してからはできると思ってもみない経験をたくさんさせてもらいました。毎回関わる人もやることも違って、転校生気質の私に合っていたかもしれません。

映画『フォレスト・ガンプ／一期一会』で

「人生はチョコレートの箱みたいなもの。開けてみないとわからない」というセリフがありますが、まさにそんな感じ。次、何が起こるかわからないのは不安でもあるけど『可能性』でもあり、面白味だとも思います。

それから、独立したことで「自分は一人だからこそ、本当には一人じゃない」ということも気づかされました。

一人でやっているように見えても一緒にやる人が毎回必ずいて、その向こうには必ず受け取ってくれるお客さんもいる。本当に一人でできる仕事なんてなくて、それがわかってからは最初の不安も消えて、さみしくなくなりました。一人になったことでよりはっきりと、いつも誰かとつながっていることに逆に気づかされたし、もしかしたら「生きる」ってこと自体に通ずることなのかもしれません。

#06

私には、オーガニックコスメの世界が合っていました。普通の教育では習わないような自然の摂理を学べて面白いし、使い続けると自分の肌や体質のことがわかってきてその前よりもなんだか、生きやすくなりました。

初めてオーガニックコスメに囲まれたのは、旅先のＮＹ。日本にはまだなかったオーガニックコスメの専門店に入った瞬間に感じた、「今、自分にとって、とても大切な出会いが起こっている」という、どこから来たかわからないのにとてもしっかりした直感は、今思うと間違っていなかったのかなと思います。

オーガニックコスメの世界は、掘れば掘るほど知らないことが出てくる宝の山でした。

バイオダイナミック農法についての知識、そのコスメが生まれた国の文化、創始者の方のストーリーなど、追究すればするほど、興味あるものが出てくる宝庫。このマニアックな知識がいつどんな役に立つのかなどは考えないくらい夢中になり、今のライフスタイルに当てはめたら、こんな風に使うといいかな？　体調が悪い時はこうしてみたら？　など自分なりのアレンジや工夫を自然と考えたりして、ただただ、自分自身が楽しかったから続きまし

“好きのタンク”

た。将来のために、とかそういうことは考えず夢中になれることだけが結果的に続きました。

こんな風に「面白い」「これが好き」という気持ちで、自分自身の「好き」のタンクを日々満たしていくと、それがある日どこからかまるで温泉のように溢れ出していき、流れていって、いつしか人と共有することできた違う楽しみのものに変わりました。自分を満たしていくと、その先にはそれを受け取る誰かがいて、その人にも何かしら変化が生まれること、それを一緒に味わえることが今は楽しいし、ありがたい。

初めて本を出した時、読者の方に「なんだか生活が楽しくなった」と言ってもらえたことが、とても嬉しかった。この山は面白い！　と思ってどんどん掘っていって、そこで見つけた宝石を他の人と一緒に分け合えた喜びのような、まるで自分が作り方を研究したおにぎりを、誰かと一緒に食べて喜べている感じ。今、その気持ちでこの本を書いています。好きや楽しいがエンジンになった車で走る道は、きっとよい旅路になるのだと思います。

Epilogue
おわりに

最後まで読んでいただき、ありがとうございました。いかがでしたでしょうか。前作に続き、多少暑苦しいほどの文字数をぎっしり詰め込んでしまいましたが楽しんでいただければ幸いです。

　この本は、２０２０年３月にお声がけいただき、コロナ禍の真っ只中に生まれました。これまでと違う状況にスタッフ全員が紆余曲折し生まれた、濃い時間が詰まった一冊です。その時間を思い出すと、終わるのが寂しいと感じるほど。本を作る時間は、私にとって特別な時間です。自分から生まれた小さな気持ちや考え、伝えたいことの種が、色んな人に関わってもらい、人の力と重なることでだんだん実になっていく過程は、まるで種から実をつける植物を見ているようです。

　チャンスをくださり一緒に波を越えてくれた編集の

小川さん、見るたびにハッとさせられる、心を動かす写真を撮ってくれた猪原悠さん、#敦子スメ本生みの親として陰で支えてくれた編集の岩谷大さんをはじめ、たくさんの人に関わっていただきました。自然の力と人の力が合わさって生まれたと感じています。これからは、書店さんや読者の方などさらにたくさんの人に関わってもらえる本になることを祈ります。

人との距離感や時代の流れは変わりつつありますが、この本を作るプロセスは私に「やっぱり人とつながっていたい。楽しいことがしたい。自分も変化や成長や経験がしたい」という生きることの根本的なエネルギーを思い出させてくれました。本当に皆さんありがとうございました。

オーガニックコスメの世界では、寒暖差などが厳しい環境で育った植物たちは、自然と生命力が強くなると言われています。変化の時を経た私たちは、それが起こる前よりもきっと、そんな強さや、その奥にある美しさを、今持っているはずです。

この本が、今から、これからを生きる皆さんを支える友達のような一冊になれば嬉しいです。

SHOP LIST

athletia	0120-220-415
AWABEES	03-5786-1600
CASA FLINE	03-6447-5758
Cure	0120-111-344
diptyque Japan	03-6450-5735
doinel	03-3470-5007
GUE TRADING	0268-71-7121
JIMOS	0120-465-952
KOALA BEAUTY	03-5939-6011
KOKOBUY	03-5476-5270
Loop blue.inc	info@yukitakeshima.com
MIMC	03-6455-5165
SHIGETA	https://www.shigetajapan.com/
SHIRO	info@shiro-shiro.jp
-suu-	support@tea-suu.com
THREE	0120-898-003
TO NINE	03-6686-6591
Waphyto	info@waphyto.com
アヴェダ	0570-003-770
アジュマ	0120-953-129
アムリターラ	0120-980-092
アラミック	072-728-5150
アリエルトレーディング	0120-201-790
アルバ	03-3672-6227
アルファネット	03-6427-8177
石澤研究所	0120-49-1430
インターナショナルコスメティックス	03-5833-7022
ヴェレダ・ジャパン	0120-070-601
ウカ	03-5843-0429
エトヴォス	0120-0477-80
エドストロームオフィス	03-6427-5901
おもちゃ箱	0120-070-868
カドリールインターナショナル ランジェリーク	03-3461-7834
華密恋/SouGo	0120-57-8320
カラーズ株式会社	050-2018-2557
川辺	0120-000-599
キャンドルウィック	03-6261-6057
サザビーリーグ	03-5412-1937

サンルイ・インターナッショナル	0120-550-626
シーズマーケット	03-5050-2140
シービック	03-5414-0841
ジャパン・オーガニック	0120-15-0529
ジュリーク・ジャパン	0120-400-814
杉本漢方堂 Soil	contact@sugimoto-ph.com
杉本薬局	0467-46-2454
スパホリデーズ	info@aromapathi.com
セブンデイズ	03-6452-6358
たかくら新産業	0120-828-290
ニールズヤードレメディーズ	0120-316-999
ネイチャーズウェイ（チャントアチャーム）	0120-070-153
ネイチャーワールド	03-6458-4550
眠りの専門店　市田商店	075-212-0833
バレル	045-624-8320
ピー・エス・インターナショナル	03-5484-3481
ビーバイ・イー	0120-666-877
ビオスタイル	0120-088-808
ピュビケア	03-6450-3434
ファティマ	03-6804-6717
フランシラ＆フランツ	03-5843-0960
ボックスグループ	048-838-2171
マインドドライブ	045-590-5466
マツモトキヨシお客様相談室	0120-845-533
ロンハーマン	03-5413-6704

衣装協力

カバー、p17、85、140、146 Merlette ALLEGREドレス、Merlette LEYLANDドレス、
DEMYLEE Mindyカーディガン、DEMYLEE Avahパンツ、
DEMYLEE Laneニット、DEMYLEE DAPHNEニット（以上すべてサザビーリーグ）
p68、137 Organic cotton オープンネックトップス、
Organic cotton ニットフレアスカート（ともにCASA FLINE表参道本店）
p74-75、77 CERRADO ホワイト ジャケット、パンツ（ともにカドリールインターナショナル ランジェリーク）
p97 NAILS INC 表参道

スタイリング協力

福田恵理

撮影協力

MEMU EARTH HOTEL〒089-2113 北海道広尾郡大樹町芽武158-1
01558-7-7777 http://memu.earthhotel.jp/

※下記製品のパッケージはリニューアル等の理由により、写真と異なる場合がございます。

（p23 ヴェレダ シェイビングクリーム　ザ プロダクト フェイシャルクレンザー
p31 ヴェレダ サルビア ボディミスト　p34 トリロジー クレンジングクリーム
p105 アルジタル アンチ W フェイスオイル　p120 トリロジー Cモイスチュアライジング ローション）

STAFF

Photographer
猪原悠

Art Direction & Design
mashroom design

Special Thanks
岩谷大
原田裕人

PROFILE

福本敦子

@uoza_26

美容 コラムニスト。コスメキッチン に14年間勤務後、独立。ライフスタイルに寄り添った独自のオーガニック美容論が、著名人やエディターをはじめ各方面から大人気。「#敦子スメ」は「読んだ瞬間試したくなる」と数多くの反響を呼び欠品や完売商品も多数。2019年秋、初の書籍となる『今より全部良くなりたい 運まで良くするオーガニック美容本 by敦子スメ』(光文社) を出版。発売前に増刷するなど話題を呼んでいる。雑誌、イベント、SNS、コラボ商品デザインなど多方面で活躍。

YouTube　「福本敦子／ATSUKO FUKUMOTO」
Podcast　「福本敦子のきくこすめ」

今から、これから。

好きを感じる美容と生活

2021年12月25日　第1刷発行

著者　福本敦子
発行人　見城 徹
編集人　森下康樹
編集者　小川貴子
発行所　株式会社 幻冬舎
〒151-0051
東京都渋谷区千駄ヶ谷4-9-7
電話 03(5411)6211[編集]
03(5411)6222[営業]
振替　00120-8-767643
印刷・製本所　図書印刷株式会社

検印廃止

万一、落丁乱丁のある場合は送料小社負担でお取替致します。小社宛にお送り下さい。

定価はカバーに表示してあります。

Printed in Japan
ISBN978-4-344-03890-5　C0095

幻冬舎ホームページアドレス https://www.gentosha.co.jp/

この本に関するご意見・ご感想をメールでお寄せいただく場合は、
comment@gentosha.co.jpまで。